普通高等教育（高职高专）

艺术设计类『十二五』规划教材

# 室内软装设计

主　编　孙嘉伟　傅瑜芳

副主编　高　鹏　樊　超　蔡艳华　包劭川

中国水利水电出版社
www.waterpub.com.cn

# 内 容 提 要

  本教材是基于高等职业教育的特殊性、市场的需求及行业的发展等因素而形成的一本特色教材，旨在培养具有一定室内软装饰设计理念，同时具有室内软装饰工艺技术能力的综合性、实用性人才。

  本教材共分7个教学模块，包括：软装设计导论，软装设计元素，软装设计方法，软装设计风格，软装实例分析及应用，软装设计工作流程，以及经典作品欣赏，每个模块都拟定了学习目标，细化了学习内容。本教材力求贴近教学实践环节，各教学模块中的理论讲解与实践作业同步进行，旨在提高学生的综合应用能力。

  本教材适合高等职业院校环境艺术设计、室内设计等相关专业教学使用，也可供专业设计人员和有兴趣的读者阅读参考。

**图书在版编目（ＣＩＰ）数据**

室内软装设计 / 孙嘉伟，傅瑜芳主编. -- 北京：
中国水利水电出版社，2014.10（2017.7重印）
 普通高等教育（高职高专）艺术设计类"十二五"规划
教材
 ISBN 978-7-5170-2629-7

 Ⅰ．①室… Ⅱ．①孙… ②傅… Ⅲ．①室内装饰设计
－高等职业教育－教材 Ⅳ．①TU238

中国版本图书馆CIP数据核字(2014)第240318号

| 书　　名 | 普通高等教育（高职高专）艺术设计类"十二五"规划教材<br>**室内软装设计** |
|---|---|
| 作　　者 | 主编 孙嘉伟 傅瑜芳 副主编 高鹏 樊超 蔡艳华 包劭川 |
| 出版发行 | 中国水利水电出版社<br>（北京市海淀区玉渊潭南路1号D座　100038）<br>网址：www. waterpub. com. cn<br>E-mail：sales@waterpub. com. cn<br>电话：(010) 68367658（营销中心） |
| 经　　售 | 北京科水图书销售中心（零售）<br>电话：(010) 88383994、63202643、68545874<br>全国各地新华书店和相关出版物销售网点 |
| 排　　版 | 中国水利水电出版社微机排版中心 |
| 印　　刷 | 北京印匠彩色印刷有限公司 |
| 规　　格 | 210mm×285mm　16开本　8.5印张　280千字 |
| 版　　次 | 2014年10月第1版　2017年7月第2次印刷 |
| 印　　数 | 3001—5000 册 |
| 定　　价 | **36.00元** |

凡购买我社图书，如有缺页、倒页、脱页的，本社营销中心负责调换
**版权所有·侵权必究**

# 编　委　会

**主　编**　孙嘉伟（吉林工程技术师范学院）

　　　　傅瑜芳（绍兴职业技术学院）

**副主编**　高　鹏（杭州科技职业技术学院）

　　　　樊　超（绍兴职业技术学院）

　　　　蔡艳华（绍兴文理学院）

　　　　包劭川（绍兴职业技术学院）

**参　编**　俞文斌　金小军　韩竹琪　熊小颖　柳国伟

　　　　朱云岳　夏婷婷　沈春桥　冯　婷　徐　银

　　　　郑庆理　高迪霞

# 序

当前软装设计产业蔚然形成，软装配饰已走入人们生活，对这一起源于欧陆、风靡世界的装饰理念，国内也是近年才逐步了解，当然还是从沿海发达地区发展到内陆，以广州、上海、北京等城市为主。

谈软装当从室内设计谈起，国内与国外的室内设计行业是有着巨大差异的。国外的设计机构一般都是独立存在的，设计单位与施工单位是独立的，通常状况下一个设计项目是由设计师领衔，带着几个助手共同完成的，设计师只对室内装修、水电工程等施工负责监督。此种设计、施工、监理的质量都可以得到保证。在国内，设计与施工几乎都是同一家公司的，结果导致设计、施工的质量都得不到很好的执行。国外很多国家的做法避免了那种设计师拿到建筑毛坯房，首先要对空间进行功能布局，对其空间结构进行修改，拆墙凿洞造成工期、人工和材料浪费的现象。从协调性方面来考虑，国内建筑空间各个环节相互剥离的设计模式也制约了设计师对整体设计的把握。在这种情况下要出一个优秀的室内设计作品，无疑提高了成本。

事实上，在西方发达国家，并没有软装设计这一概念，一名建筑师，同时也是一名室内设计师；一名室内设计师同时也是一名家具及饰物设计师。室内设计的后期工作，大多是由室内设计师一并整体完成的。但在国内，室内设计行业起步较晚，重心仍旧停留在建筑与空间结构上面，也就是我们常说的"硬装"，对于高端群体室内环境的软装需求，室内设计难以满足，也无暇顾及，于是就专门细分出一个全新的行业，这就是软装设计。

软装行业在中国出现的时间很短，从业者大多是由室内设计师"转型"而来，有的是洽谈销售人员"跨界"，也有一些美术工作从业者跨部门，当各行各业的相关人员及培训机构纷纷涌入软装设计这个行业时，软装设计的水平便参差不齐了，迄今为止，行业里还没有形成统一的软装设计理念与标准，因此，软装设计人才培养体制亟待完善。

本教材的专业性很强，可作为软装行业教育教学的指导性用书，孙嘉伟老师是吾之挚友，也是设计教育和软装配饰行业内的资深讲师，嘉伟对软装行业现状及面临问题有广泛的认知和深入的研究，相信这本教材的面世，会对当前国内的软装设计行业产生一定的影响。很高兴应邀为文，是为序。

于澳大利亚悉尼

原《瑞丽家居》首席编辑，家居流行趋势分析家，
国内第一个家居趋势公共平台 Fashion Home 创始人

# 前　言

　　随着人们生活水平的提高，现代人更加注重精神层面的追求，软装设计就是人们对美的追求的一种心理需求的反映。软装的市场前景非常广阔，逐渐发展成为建筑及室内设计中不可缺少的一部分。不久的将来，软装设计有可能超越硬装，成为我们居室内最为重要的设计环节。

　　本教材的编写从高等职业教育的特殊性出发，紧密结合市场的需求和行业的发展现状，旨在配合教学培养具有一定室内软装设计理念，同时具有室内软装工艺技术能力的综合型、实用型人才。本教材包括软装设计导论、软装设计元素、软装设计方法、软装设计风格、软装实例分析及应用、软装设计工作流程、经典作品欣赏共 7 个教学模块。本教材详细介绍了软装的各种元素，并按风格进行分类，以案例来讲解如何进行软装搭配，同时注重空间规划、布局及功能使用等要求，以不同形式与风格体现室内的艺术氛围，配图的实例具有很强的借鉴意义。另外，本书拟定了每个模块的学习目标，在学习目标中又划分出学习的重点，从而细化了学习内容，使得学习目的更为明确。本教材力求贴近教学实践环节，各模块中的理论讲解与实践作业同步进行，旨在提高学生的综合应用能力。

　　本教材七个教学模块的编撰分工如下：模块 1、模块 2 由吉林工程技术师范学院孙嘉伟和绍兴职业技术学院傅瑜芳共同编写，模块 3 由绍兴文理学院蔡艳华编写，模块 4、模块 5 由杭州科技职业技术学院高鹏和绍兴职业技术学院樊超编写，模块 6、模块 7 由绍兴职业技术学院包劭川编写。同时，参编人员还有杭州科技职业技术学院与绍兴市政设计院的郑庆理、金小军等老师（详见本书编委会）。全稿由主编孙嘉伟、傅瑜芳共同负责进行审核、统稿和定稿。

　　本教材在编写中，参阅了许多专家学者的文献资料，在此一并深表谢意。由于编写时间仓促和编著者水平有限，书中尚存在着一些疏漏和不妥之处，敬请相关专家、同行和读者批评指正。

编者

2014 年 1 月

# 目 录

# 模块 1　软装设计导论

## 本 模 块 教 学 引 导

**【教学目标】**

通过本模块的学习，了解掌握软装设计的基本概念、类型及其发展趋势，为下一个模块学习做好铺垫。

**【教学方法】**

运用多媒体教学手段，通过图片、PPT 课件、案例讲解分析作为辅助教学，增加学生对软装发展及设计的认识和了解。

**【教学重点】**

本模块的重点内容是要求学生掌握家居软装概念和家居软装设计类别，培养学生的分析、思考和设计能力。

**【作业要求】**

在本模块的学习中，通过理论课程、学生收集资料和进行校外市场调研、撰写分析报告，重点培养学生对家居软装设计的认知和创新能力。

## 1.1　软装的概念

所谓软装，指商业空间与居住空间中所有可移动的元素，即基础装修完成后，使用家具与饰物对室内空间进行陈设与布置。

软装饰品，是比较灵活的"装修"形式，是营造家居环境和氛围的生花之笔，能较好体现居住者的审美修养，它区别于传统装修行业的概念，将陈设品、布艺、地毯、收藏品、灯具、花艺、绿色植物等进行重新组合，是一种全新的理念，如图 1-1 和图 1-2 所示。

图 1-1　软装在客厅的应用

图 1-2　软装营造高雅空间

图 1-3 沙发、电视、吊灯等功能性陈设

图 1-4 餐桌、椅子、器皿等功能性陈设

图 1-5 织物、布艺等功能性陈设

## 1.2 软装的分类

### 1.2.1 按功能性分类

（1）功能性软装陈设，指具有一定实用价值并具有观赏性的软装陈设，大到家电、家具，小到餐具、衣架、灯具、织物、器皿等，此类软装陈设放在室内不仅实用，又具有装饰效果，是大多数业主非常喜爱的产品，如图 1-3～图 1-5 所示。

（2）装饰性软装陈设，主要指装饰观赏性的软装陈设。如雕塑、绘画、纪念品、工艺品、花艺、植物等，此类装饰品有一部分是属于奢侈品范畴，不是每个业主都会选择，但如选择得好，能大大提高室内空间的艺术品味，如图 1-6～图 1-9 所示。

### 1.2.2 按材料分类

软装饰种类繁多，使用的材料种类也繁多，如花艺、绿色植物、布艺、铁艺、木艺、陶瓷、玻璃、石制品、玉制品、骨制品、印刷品、塑料制品等。此外，还有一些新型材料，如玻璃钢、贝壳制品、合金属制品等。每个大类可分出数个小类，有的数种材料组合可成为一种新的装饰品，类别很多，在这里就不一一列举了。

### 1.2.3 按摆放方式分类

按摆放方式分类，可以分为摆件和挂件两大类，这两个类别特点明显，不难区分，如图 1-10～图 1-13 所示。

图1-6 工艺品类装饰性陈设

图1-7 木雕等雕塑类装饰性陈设

图1-8 字画等装饰性陈设

图1-9 植物等装饰性陈设

图1-10 工艺品家居摆件（一）

图 1-11 工艺品家居摆件（二）

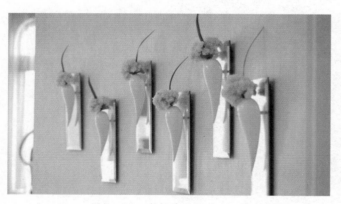

图 1-12 家居陈设挂件（一）

图 1-13 家居陈设挂件（二）

### 1.2.4 按收藏价值分类

按收藏价值分类，可以分为增值收藏品和非增值装饰品，如字画、古玩等。此类装饰品具有较大艺术价值。具有一定工艺技巧和有升值空间的工艺品、艺术品，都属于增值收藏品，而其他无法升值的则属于非增值装饰品，如图 1-14～图 1-17 所示。

图 1-14 增值收藏品——荷兰画家凡·高的油画《星空》

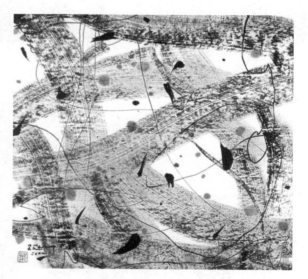

图 1-15 增值收藏品——百雅轩模式版画
（中国画家吴冠中作品）

图 1-16 非增值装饰品

图 1-17 非增值装饰品——印刷无框装饰画

## 1.3 软装设计市场的状况及前景

### 1.3.1 室内软装设计的发展状况

软装起源于20世纪20年代的欧洲，被称为是装饰派艺术，但在60年代后期才真正引起人们的关注。在较先进的国家，早在半个世纪前就开始了全装修时代，直至今日，家装公司这一行业已经基本消失，取而代之的是软装设计——新的理念。他们认为，室内空间的个性就是通过软装摆饰来体现出来的。国内自从1997年家装行业正式诞生至今，随着业主需求的不断提高，装饰装修行业对设计师们提出了新的要求，市场上室内设计师们的角色也发生了较大的变化。虽然近两年软装设计师行业在北京、上海、广州、杭州逐渐兴起，但是从业人员的数量远远满足不了市场需求。

### 1.3.2 室内软装设计的前景

#### 1. 市场的需要

个性化与人性化的设计理念日益深入人心的今天，人自身价值的回归成为关注的焦点。要创造出理想的室内环境，就必须处理好软装饰。从满足用户的心理需求出发，根据政治和文化背景，以及社会地位等不同条件，满足每个消费者群都有着不同的消费需求，设计出属于个人的理想的"软装饰"，只有针对不同的消费群做深入研究，才能创造出个性化的室内软装饰。只有把人放在首位、以人为本，才能使设计人性化。

作为一个软装设计师，要以居住的人为主体，结合室内环境的总体风格，充分利用不同装饰物所呈现出的不同性格特点和文化内涵，使单纯、枯燥、静态的室内空间变成丰富的、充满情趣的、动态的空间。

#### 2. 建筑装饰行业的需要

2008年7月29日，住房和城乡建设部再次发布《关于进一步加强住宅装饰装修管理的通知》（建质[2008]133号），指出要完善扶持政策，推广全装修房。这为软装市场的专业化运作提供了政策保障。

样板房作为房地产销售的重要窗口，以软装为主导的样板房类型，正日益受到开发商的重视，特别是在市场杠杆深度向买方市场倾斜时更显突出。软装精装修后对于楼盘品质也有很大加分，房子越难卖，越要做好每一间样板房。

# 模块 2　软装设计元素

---

## 本 模 块 教 学 引 导

【教学目标】

通过本模块的学习，了解并掌握软装设计的元素及细节，室内配饰设计和陈设工艺品软装元素的要点。

【教学方法】

运用多媒体教学手段，通过图片、PPT 课件、实际案例的讲解分析进行辅助教学，增加学生对各类型软装设计元素细节的认识和了解。

【教学重点】

本模块的重点内容是要学生了解室内软装设计元素及陈设细节等原则，培养学生分析、思考和设计的能力。

【作业要求】

在本模块的学习中，通过理论课程、学生收集资料和进行校外市场调研、撰写分析报告，重点培养学生对室内软装设计的认知和创新能力，对相应的室内空间软装设计进行手绘空间表现练习。

---

一个室内空间，首先必须满足功能上的要求，同时又要追求美观，保障安全。室内用品要满足使用功能、安全系数及效果美观的要求。这些用品必须根据其价值、使用功效以及业主生活需求的特点来确定大小规格、色彩造型、放置位置以及同整个居室空间的关系比例、协调程度等，这些需要在装潢施工前考虑。软装设计将直接体现居室装潢的功能及效果，它能柔化空间，增强室内装饰的虚实对比感，营造室内装潢的艺术气氛，突出装饰风格，体现居室主人的个性。

实际工作中，在确定整体设计风格的前提下，要根据居室空间的大小形状、装饰投资和主人的生活习惯、兴趣爱好，从整体上来综合策划装饰设计方案，对每一个空间设计均要重视软装饰的设计。

卧室应该是简洁大气的，家具的造型和门窗造型要统一协调，颜色的搭配要合理。家具、地板和门窗是体现室内空间色彩的主要平台，它们之间的颜色应在一个颜色系列内。墙面、床上用品和占了大部分墙面的窗帘颜色之间关系，将决定整体卧室空间的美观效果。如墙纸的色彩由粉红、淡紫、钴蓝组成，那么床罩、窗帘的

色彩最好用相似的颜色，从而使整个空间的艺术氛围能很好表现出来。从花纹图案上看，如果墙纸是小碎花图案的，那么床罩可以搭配中型花纹图案，而窗帘应该选择大花形图案，这样搭配会更为和谐。

条件允许时，家中的装饰品最好有几件档次高、造型雅、有一定价值的镇宅之宝，比如收藏的书法、绘画、陶瓷等艺术品。除此之外就不一定非要购买高价位艺术品，如木雕、根雕、竹编、草编、布饰、挂画、插花，若是色彩、造型、大小合适搭配合理，也会使居室更为别致。不同的家庭各有所爱，软装饰可以说就是这种爱的鲜明表现。

## 2.1　布艺

在软装饰中布艺材料造型方法多样，其柔韧性为我们造型设计提供了便利。别出心裁的布艺足以融化室内空间生硬的线条，营造出或清新自然，或典雅华丽，或情调浪漫的氛围。

室内布艺是指以布为主要材料，经过艺术加工，达到一定的艺术效果与使用条件，满足人们生活需求的纺织

图 2-1 蓝白布艺搭配营造出的清新自然居室环境

图 2-2 既有装饰性又具有功能性的垫布

图 2-3 碎花布艺营造田园风的居室环境

图 2-4 样式丰富、风格多样、色调统一的搭配风格

品。室内布艺包括窗帘、地毯、枕套、床罩、椅垫、靠垫、沙发套、台布、壁布等，如图 2-1 和图 2-2 所示。

（1）布艺配饰特点。

1）风格多样，样式丰富，如图 2-3 和图 2-4 所示。

2）美观、实用，便于清洗和更换，如图 2-5 所示。

3）装饰效果突出，色彩丰富，如图 2-6 和图 2-7 所示。

（2）室内布艺设计分类。

1）窗帘。窗帘具有遮挡阳光、隔音、调节温度和美化空间的作用。窗帘软装饰应依据不同空间特性及室内采光条件进行选择。采光不好的空间可用轻质、透明的纱帘，以增强室内采光，光照强烈的室内空间应用厚实、不透明的绒布窗帘，以遮挡室外强光。窗帘的款式一般包括百褶帘、罗马帘、卷帘、垂帘、百叶帘、水波帘、拉杆式帘等。

罗马帘是新型装修装饰品，按形状可分为折叠式、扇形式、波浪式等。罗马帘能够营造更为温馨的氛围，如今常用于家居和酒店等高档娱乐休闲场所的装饰，深受大众的喜爱，如图 2-8 所示。

2）地毯。地毯是室内铺设类布艺制品，广泛用于室内装饰，主要用于地面铺设，也有一些以欣赏和装饰为目的的地毯，主要悬挂于墙壁上，又称挂毯，一般为手工制作。地毯具有安全性、改善脚感、吸附空气中尘埃

图 2-5　便于清洗和更换的布艺　　　　　　图 2-6　装饰效果突出、色彩丰富的布艺

图 2-7　装饰效果突出、色彩丰富、搭配合理的布艺设计

图 2-8　罗马帘

颗粒等作用，还能起到艺术美化空间的效果，创造安宁美观的室内气氛。地毯一般包括：羊毛地毯、混纺地毯、化纤（合成纤维）地毯、塑料地毯等，如图 2-9 所示。

3）靠枕。靠枕是沙发和床的附件，可以调节人的坐、卧、靠姿势，来减轻疲劳，并具有其他物品不可替代的装饰作用。靠枕的形状以方形和圆形为主，多用棉、麻、丝和化纤等材料，采用提花、印花和编织等制作手法，图案自由活泼，它的色彩及质料与周围环境的对比，能使室内软装陈设的艺术效果更加丰富，如图 2-10 所示。

4）壁挂织物。壁挂织物是室内空间里装饰性质比较强的布艺制品，特点是便于移动、易于更换。壁挂织物一般包括墙布、桌布、挂毯、布玩具、织物屏风和编结挂件等。可以增添室内情趣，烘托室内氛围，提高整个空间环境的品位和格调，如图 2-11 所示。

（3）室内布艺搭配技巧。

1）风格的协调性。布艺的格调要与整体环境相协调，可以搭配出不同主题的空间风格，如图 2-12 所示。

图 2-9　简约的客厅地毯搭配　　　图 2-10　图案多样、搭配灵活的靠枕设计

图 2-11　墙壁挂毯提升家居环境情趣和品位　　　图 2-12　根据家具的器型选择布艺搭配出的浓浓中国风空间

2）充分体现出布艺制品的柔软质感、软化空间，提高舒适度。室内布艺搭配要充分利用布艺制品的质感对室内硬质装饰材料的软化。在选择室内布艺的款式、花色和材质时要参考室内整体空间和家具的色彩与样式，调节室内空间的视觉效果，例如使用布艺分隔空间，或是利用布艺的质感和颜色调节室内的温度和装饰效果，如图2-13和图2-14所示。

3）体现文化品位和内涵，体现民族和文化特色，如图2-15所示。

图2-13　布艺软化空间同时起到
空间分隔的作用

图2-14　选择布艺的质感和颜色来
调节室内的温度和装饰效果

图2-15　布艺配饰打造欧洲古典家居

图 2-16　绿化软装美化环境

图 2-17　利用绿化指示空间和柔化空间

图 2-18　利用绿化分隔空间

## 2.2　绿化软装

（1）室内绿化的作用。

1）美化环境。绿化是最富有生命气息和情趣的室内装饰物，是室内装饰美化的重要手段。除了利用自身的形式美感，包括体量、形态、颜色、质地和气味等为人们创造美，还可以通过不同的组合和配置方式使植物与所处环境有机地结合为一个整体，创造一个优美的环境效果，如图 2-16 所示。

2）组织空间。绿化可以改善室内空间的结构，在室内环境美化中，绿化装饰对空间的构造也可发挥一定作用。绿化、小品对空间的组织主要表现在分隔空间、联系空间、柔化空间等方面，如图 2-17 和图 2-18 所示。

3）改善环境小气候。利用植物自身的生态特点，通过绿化可以起到改善室内外环境条件、净化空气环境的作用。具体作用如：植物枝叶有滞留尘埃、吸收生活废气、释放和补充对人体有益的氧气、减轻噪音等作用，如图 2-19 和图 2-20 所示。

4）陶冶情操，营造气氛。绿化不仅具有美化环境的作用，还能以各类植物特有的喻义调整人的精神面貌，改善人的精神状态。不同的植物具有不同的象征意义，如荷花——"出淤泥而不染，濯清涟而不妖"，象征高尚情操，竹——"未曾出土先有节，已到凌云仍虚心"，象征高风亮节，松、竹、梅——"岁寒三友"，梅、竹、兰、菊为"四君子"，牡丹为高贵，石榴为多子，萱草为忘忧等。紫罗兰为高雅永恒，百合花为吉祥如意和圣洁，郁金香为博爱和名誉，勿忘草为勿忘我等。这些象征和含义在空间中能够营造一种特殊的意境，人们生活、工作在其中，能使心灵得到净化、身心得到愉悦、精神得到升华，如图 2-21 和图 2-22 所示。

（2）室内绿化布置方式。

由于空间类型、使用功能以及绿化位置的不同，室内绿化的布置应有所不同。在设计时，设计师应结合室内家具设备、陈设等，选择合适的绿色植物，精心设计，仔细推敲，这样才能真正起到绿化的目的和作用。

1）根据绿化本身的特征可分为陈列式绿化装饰，有独植、对植、群植三种方式，攀附式绿化装饰，悬垂吊挂式绿化装饰，壁挂式绿化装饰和栽植式绿化装饰等。

2）根据空间位置不同，绿化位置和作用会有不同区分。视觉中心布置（如大厅中央），墙边角隅点缀布置，沿门、窗布置，结合家具、陈设布置，沿通道、过厅、出入口布置，垂直绿化。

室内活动的中心位置，是人们视点的交汇的中心。在室内空间的中央布置各种植物作为主要陈设并成为视觉的中心，以植物的形态、色彩的特殊魅力来吸引人们的注意力，是许多室内空间常采用的一种绿化布置形式，如图2-23所示。

室内的边角空间一般很难利用，这就需要用一定的设计来改善。而选择在这些部位布置各种各样的植物进行空间的点缀，是一种很有效的设计方法。如在室内转角处、柱角边、走道旁、靠近边角的餐桌旁、楼梯角或楼梯下部等布置植物，都可起到空间点缀的作用，如图2-24所示。

室内绿化除了一般的单独落地布置之外，还可结合室内家具、陈设、灯具等进行布置，使它们在空间中显得相得益彰，组成有机的整体。如在装饰柜、茶几、餐桌、冰箱、厨台上布置小型的盆栽，在吊柜、壁柜、博古架上布置垂吊式的藤蔓植物，在各种花瓶或陈设物中插置花草等。这种布置，既不占用地面空间，又能使室内增添艺术气氛，如图2-25所示。

（3）室内植物的选择。

室内软装植物的选择分为二种：不适宜室内摆放的植物和适宜室内摆放的植物。

1）不适宜室内摆放的植物。

**紫荆花**：它所散发出来的花粉如与人接触过久，会诱发哮喘症或使咳嗽症状加重。

**含羞草**：它体内的含羞草碱是一种毒性很强的有机物，人体过多接触后会使毛发脱落。

**月季花**：它所散发的浓郁香味，会使一些人产生胸闷不适、憋气与呼吸困难。

**百合花**：它的香味会使人的中枢神经过度兴奋而引发失眠。

**夜来香**（包括丁香类）：它在晚上会散发出大量刺激嗅觉的微粒，闻之过久，会使高血压和心脏病患者感到头晕目眩、郁闷不适，甚至病情加重。

图2-19　利用绿化净化空气

图2-20　植物调节室内气候

图2-21　绿化小品营造空间氛围

图 2-22　绿化植物具有象征意义和营造精神空间

图 2-23　视觉中心布置

图 2-24　边角点缀布置

图 2-25　结合家具，陈设布置

2）适宜室内摆放的植物。

**芦荟、吊兰、虎尾兰、一叶兰、龟背竹**：这些植物是天然的清道夫。研究表明，芦荟、虎尾兰和吊兰，吸收室内有害气体甲醛的能力超强。

**常青铁树、菊花、金橘、石榴、紫茉莉、半支莲、山茶、米兰、雏菊、腊梅、万寿菊**：这些植物可吸收家中电器、塑料制品等散发的有害气体。

**玫瑰、桂花、紫罗兰、茉莉、柠檬、蔷薇、石竹、铃兰、紫薇**：这些芳香花卉产生的挥发性油类具有显著的杀菌作用。紫薇、茉莉、柠檬等植物，5分钟内就可以杀死原生菌，如白喉菌和痢疾菌等。茉莉、蔷薇、石竹、铃兰、紫罗兰、玫瑰、桂花等植物散发出的香味对结核杆菌、肺炎球菌、葡萄球菌的生长繁殖具有明显的抑制作用。

**虎皮兰、虎尾兰、龙舌兰以及褐毛掌、矮兰伽蓝菜、条纹伽蓝菜、肥厚景天、栽培凤梨**：这些植物能在夜间净化空气。10m² 的室内若有两盆这类植物，如凤梨，就能吸尽一个人在夜间排出的二氧化碳。

**仙人掌、令箭荷花、仙人指、量天尺、昙花**：这些植物能增加负离子。当室内有电视机或电脑启动的时候，负氧离子会迅速减少。而这些植物的肉质茎上的气孔白天关闭，夜间打开，在吸收二氧化碳的同时，放出氧气，使室内空气中的负离子浓度增加。

**兰花、桂花、腊梅、花叶芋、红北桂**：其纤毛能吸收空气中的飘浮微粒及烟尘。

**丁香、茉莉、玫瑰、紫罗兰、田菊、薄荷**：这些植物可使人放松，有利于睡眠。

## 2.3 照明

照明是利用自然光和人工照明帮助人们满足空间的照明需求、创造良好的可见度和舒适愉快的空间环境。

灯具＋光源＝灯光，灯具是分配和改变光源光分布的器具，也是美化室内环境不可或缺的陈设品。在没有自然采光的情况下，人们工作、生活、学习都离不开灯具。其次，灯具控光的不同，可以制造出各种不同的气氛情调，而灯具本身的造型变化也会给室内环境增色不少。在进行室内设计时必须把灯具当作整体的一部分来设计。灯具的造型也非常重要，其形、质、光、色都要求与环境协调一致，通过室内灯具的造型的变化、灯光强弱的调整等手段，达到烘托室内气氛、改变房间结构感觉的作用。灯

具按安装形式分为吊灯、吸顶灯、隐形槽灯、投射灯、落地灯、台灯、壁灯及一些特种灯具。其中，吊灯、吸顶灯、槽灯采用一般照明方式，落地灯、壁灯、射灯采用局部照明方式，一般室内多采用混合照明方式。

（1）居住空间对灯光的需求。

1）实现基本的功能性照明，一定要保证用户活动所需的不同光照，如写字、娱乐、休息、会客等。

2）柔和、舒适的照明，照明需要科学的配光，使人不觉得劳累，既利于眼睛健康，又节约用电。

3）营造良好的灯光氛围，光的照射要照顾到室内各物的轮廓、层次及主体形象，好的光照能把房间衬托得更美。如图2-26所示。

图2-26 混合照明方式，营造良好的室内氛围

（2）最佳灯光效果的确定。

1）照亮（功能性照明）。室内的主灯起作用，也可以称为背景灯，它将室内的光源提升到一定的亮度，对整个空间提供均匀的光线。

2）照亮＋重点照明。重点照明可引发人对某一点的兴趣，起到视觉引导的作用。它通常被用于强调空间的特定部件或陈设，例如建筑要素、构架、收藏品、装饰品及艺术品等。

3）照亮＋重点照明＋特殊照明。特殊照明指彩色照明、不可见光照明等。

（3）色温的重要性。

光源点燃后的光色与标准物体加热到某一温度时的光色相同，该物当时的绝对温度称为光源的色温，如图2-27和图2-28所示。

| 类　别 | 色　温 |
|---|---|
| 暖色 | <3300K |
| 中间色 | 3300～5000K |
| 冷色 | >5000K |

图 2-27　不同色温的 K 值

图 2-28　不同色温效果的对比

图 2-29　中式风格灯具

图 2-30　欧式风格灯具

（4）家具风格与灯饰搭配。

不同风格的家具，对于灯饰的搭配要求也不同。色彩、材质上要协调，风格上要统一。但是由于很多灯饰的风格模糊，所以搭配需要灵活运用，同一个灯饰，可以适合不同风格的家装。只要整体氛围协调不冲突，即可灵活使用，不必拘泥一式。按照灯饰的风格划分可以简单分为中式、欧式、现代、美式、日韩等五种风格。

1）中式风格灯具。中国古典建筑的室内装饰设计风格气势恢宏，壮观华贵，而且雕梁画栋，金碧辉煌，造型讲究对称平衡，色彩对比较为强烈。这也影响着中式灯具的风格。中式灯具主要以布艺、陶瓷、木材、藤艺、竹编、羊皮为主。装饰多以镂空或雕刻的木材为主，宁静古朴。其中的仿羊皮灯光线柔和，色调温馨，给人以宁静、温馨的感觉。仿羊皮灯主要以圆形与方形为主。圆形的灯大多是装饰灯，在家里起画龙点睛的作

用。方形的仿羊皮灯多以吸顶灯为主，外围配以各种栏栅及图形，简洁大方。现在的中式灯具也包括一些东南亚风格的灯，主要是以藤艺和竹编为主。同时中式灯具也有纯中式和简中式之分。纯中式更富有古典气息，简中式则只是在装饰上采用一定的中式元素，如图 2-29所示。

2）欧式风格灯具。欧式古典风格因其华丽、大气的装饰效果而成为目前很多用户喜爱的家居风格，想要展现欧式古典家居特有的贵族气质，灯具配饰的加入将为整体居室风格构建统一格调。欧式灯具注重曲线造型和色泽上的富丽堂皇，形成造型经典、工艺精湛的欧式古典风格，演绎一种温馨高雅的文化氛围。有的灯还会以铁锈、黑色烤漆等故意造出斑驳的效果，追求仿旧的感觉，给人视觉上以古典的感受。从材质上看，欧式风格灯具多以树脂和铁艺为主。

其中树脂灯具造型多样，可有多种花纹，贴上金箔银箔显得颜色亮丽，同时树脂上色效果明显，铁艺灯具造型精美，富有质感，富有奢华优雅的艺术气息，如图2-30所示。

3）现代风格灯具。简约造型、追求时尚、精细工艺、环保节能是现代风格灯具的最大特点。其材质一般采用具有金属质感的铝材、不同肌理的玻璃、布艺、藤材等，在外观和造型上以另类的表现手法为主，简洁雅致的风格，新颖的设计更适合与简约现代的装饰风格搭配。除了其照明作用之外，还具有很好的装饰效果，衬托美景的作用，如图2-31所示。

4）美式风格灯具。与欧式灯具相比，美式灯没有太大区别，其用材与欧式灯具一样，多以树脂和铁艺为主。只是风格和造型上相对明朗典雅，外观简洁大方，更注重休闲和舒适感，色彩沉稳，气质隽永，追求一种高贵感，如图2-32所示。

5）日韩风格灯具。日韩风格灯具在发展过程中很好地结合了本民族的文化特征，普遍运用一些自然的材料，比如布、麻、木等，保存大自然原汁原味的气息，灯饰颜色比较素雅，传统家庭会选择布艺、竹编等古韵的材质。日韩风格灯具接近自然与淳朴的设计，让人倍感亲切，如图2-33所示。

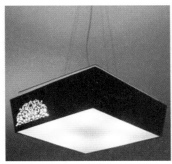

图2-31　现代风格灯具

图2-32　美式风格灯具

图2-33　日韩风格灯具

## 2.4 家具

（1）家具的分类。

1）根据功能分类。坐卧性家具、贮存性家具、凭倚性家具、陈列性家具、装饰性家具。

2）根据结构形式分类。框架结构家具、板式家具、拆装家具、折叠家具、冲压式家具、充气家具、多功能组合家具。

3）根据使用材料分类。木、藤、竹质家具、塑料家具、金属家具、石材家具、复合家具。

（2）家具的使用功能。

1）分隔空间。为了提高空间的使用效率，增强室内空间的灵活性，常用家具作为隔断，将室内空间分隔为若干个空间。这种分隔方式的特点是灵活方便，可随时调整布置方式，不影响空间结构形式，但私密性较差，常用于住宅、商店及办公室等，如图2-34所示。

2）组织空间。通过对室内空间中所使用家具的组织，可将室内空间分成几个相对独立的部分。经过家具的组织可使较凌乱的空间在视觉和心理上成为有秩序的空间，如图2-35所示。

3）调整和填补空间。室内空间由于硬装或家具布置不当会使室内整体构图失去均衡，通过调整家具的摆放位置也可以取得构图上的均衡，如图2-36所示。

4）定位情调，营造氛围。家具除了要满足人的使用要求外，还要满足人的审美要求，也就是说它既要让人们使用起来舒适、方便，又要使人赏心悦目。通过布置不同的家具，可陶冶审美情趣，反映文化传统，形成特定的气氛，如图2-37所示。

（3）家具布置的基本方法。

1）家具的布置首先应满足使用上的需要。用户在空间的活动需求决定了家具的布置方式和形态，如图2-38所示。

2）家具布置方式应充分考虑空间条件的限制，如图2-39所示。

3）此外，家具的布置除了应考虑能合理地布置恰当尺度的家具以外，还要考虑人在使用这些家具时应有足够的活动空间，如图2-40所示。

图2-34 分隔空间案例

图2-35 组织空间案例

图2-36 填补空间案例

图 2-37 营造气氛案例

图 2-38 家具的布置方式

图 2-39 楼梯下空间的利用

4）家具的布置还应考虑与室内整体环境的协调、对比或达到均衡构图的要求，如图 2-41 所示。

5）家具在室内环境中不是孤立存在的，它还与室内各种各样的其他陈设品产生联系，而且这种联系是密不可分的，如图 2-42 所示。

图 2-40 保留足够的活动空间

图 2-41 均衡的构图

图 2-42 与其他陈设品产生联系

## 2.5 工艺品

陈设工艺品，是指本身没有实用功能而纯粹作为观赏的陈设品，如书法和绘画艺术品、雕塑、古玩等工艺品。

室内环境中只要有人生活、工作，就必然有或多或少的不同种类的陈设品。空间的功能和价值也常常需要通过陈设品来体现。因此，陈设品不仅是室内环境中不可分割的一部分，而且对室内环境有很大的影响和作用。

选择什么种类的陈设品首先必须了解资金预算。在投资大、档次高的室内空间中（特别是对造价有要求的星级酒店的大堂等），可多选择价值昂贵的陈设品，但应将最贵重的陈设品陈设在最重要或人流最大的空间中。在不影响视觉效果或不影响陈设品表意的前提下，可以选择价格较低的陈设品以降低成本，必要时可适当选择仿制品。如果资金有限，可多选择仿制品。在投资匮乏的情况下，也可精心选择一些废弃物品、生活用品甚至大自然的草木、石块等，按形式美的法则，经过设计、加工制作，使其成为特定空间中的独特的陈设品。室内环境中陈设品的布置应遵循一定的原则，可概括为以下四点。

（1）格调统一，与整体环境协调。

（2）构图均衡，与空间关系合理。

（3）有主有次，使空间层次丰富。

（4）注重观赏效果。

如图2-43和图2-44所示。

### 2.5.1 绘画类

1.绘画陈设品的主要分类

（1）西式绘画艺术。

油画作为西式绘画最重要的一种类别，越来越受到市场的欢迎，这里所说的主要是指装饰油画，是临摹或创作的真正手绘的油画，而非印刷装饰油画或仿真装饰油画。

1）油画要和自己的装修风格协调。简约的居室配现代感强的油画会使房间充满活力，可选无外框油画，欧式和古典的居室选择写实风格的油画，如人物肖像、风景等，最好加浮雕外框，显得富丽堂皇，雍容华贵。

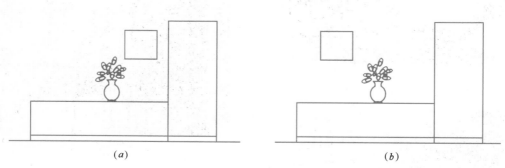

图2-43　挂画在墙面上不同位置的构图关系

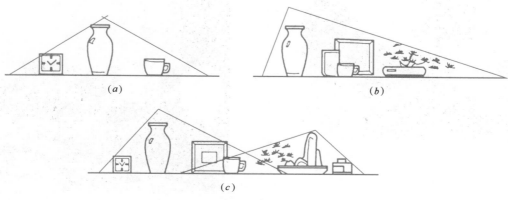

图2-44　几种台面陈置方式的构图关系

2）挂画位置。宜以距地面1.5～2m为宜，油画作品一般采用墙面陈列，不能镶玻璃，挂钉在画板后，长宽应根据家具考虑。画框跟图幅大小按比例选定，画框色与家具色呼应，或与画色调相近。黄金分割点是最佳挂画视点，可以解决挂画犹豫不决的问题。

（2）传统中式字画。

用中式字画美化居室，可以陶冶情操、怡悦身心、丰富生活情趣，增加居室的艺术气氛，创造优美典雅的生活环境。

1）要选择适当的位置。字画要挂在引人注目的墙面开阔处如迎门的主墙面、茶几、沙发、写字台以及床头上方的墙壁、床边等处。而房间的角落，衣柜边的阴影处就不宜挂字画。

2）注意采光。向阳的居室，图画应挂在室内与窗户成90°的右侧墙壁上。这样，窗外的自然光源与画面上的光源方向相互呼应，容易和谐统一。

3）注意挂字画的高度。为便于欣赏，高度应以字画的中心在人直立平行线偏高位置，一般距地面2m左右为宜，不要过高或过低，也不要高低参差交错。

4）所挂字画的数量不宜多。居室字画数量太多，会使人眼花缭乱。一两幅经过精心挑选的作品，完全可以起到画龙点睛的作用。

5）字画的色调要尽量与室内的陈设相一致。现代装饰风格的居室，字画的内容应该精炼简洁，具有现代趣味。摆有老式家具的房间，所挂的画应该具有地方风貌和民族特点，如采用浑厚古朴的国画、年画、诗画、泼墨草书来装饰，就会即有对比，又和谐统一。

**2. 绘画作品在空间中的作用**

绘画陈设品能为设计定性。许多软装设计师都在设计中寻找一定的规律，渴望有一条万用法则可以给繁杂混乱的设计方案理出头绪。利用装饰画或名画给设计指出一条明路，似乎是现在可行且最便捷的方式。

（1）抽象装饰画提升空间感。

过去，很多家庭室内不讲究摆装饰画，觉得那是画蛇添足，即使有些家庭摆装饰画，画的内容也会选择花草鱼虫。随着人们审美情趣的提高，挑选装饰画时也要符合室内整体装修风格。眼下，越来越多的人喜欢简单明快的现代装修风格。抽象画一直被人们看成是难懂的

艺术，不过在现代装修风格的家庭中却能起到点睛的作用。很多人尽管看不懂画中的内容，但却能体会作品的意境，对于普通家庭来说这样足矣。现代风格的家装配上简单的抽象画，能够起到提升空间的作用，如图2-45所示。

图2-45　抽象装饰画适合现代简约装饰风格

（2）视线的第一落点。

进家门视线的第一落点才是最该放装饰画的地方，这样才不会觉得家里墙上很空，视线不好，同时还能产生新鲜感，如图2-46和图2-47所示。

（3）装饰画与空间形态的关系。

1）人们以为装饰画只能摆在一面墙的正中部，然而在现在的设计中，很多设计师喜欢把装饰画摆放在角部。角部所指的就是室内空间角落，比如客厅两个墙面的90°。就像近年来比较流行的L形沙发一样，角部装饰画也有异曲同工之妙处。角部装饰画对空间的要求不是很严格，能够给人一种舒适的感觉。在拐角的两面墙上，一面墙上放上两张画，平行的另一面墙放上相同风格的一张画，形成墙上的L形组合，这种不对称美可以增加室内布局的情趣，也不会有拘束感。另外，角部装饰画还有通过视线转变提醒主人空间转变的作用。比如从客厅到卧室的途中摆放装饰画，就能起到指路的作用。

2）如果放装饰画的空间墙面是长方形，那么可以选择相同形状的装饰画，一般采用中等规格的尺寸即可，例如60cm×90cm、60cm×80cm、50cm×60cm。不过，如果有些地方需要半圆形的装饰画，那就要注意装饰画尺寸和背景的比例关系，之后订制画框。

（4）装饰画的色彩选择。

装饰画不但可以摆放在客厅内沙发后面，电视机后的墙面上或卧室内，还可以摆放在厨房、阳台、别墅外面的墙壁上。不过值得注意的是，在摆放时要根据不同的空间进行颜色搭配。一般现代家装风格的室内整体以

图 2-46　装饰画位置应该放在进门的第一视线处

图 2-47　装饰画丰富墙面

白色为主，在配装饰画时多以黄红色调为主。不要选择消极、死气沉沉的装饰画，客厅内尽量选择鲜亮、活泼的色调，如果室内装修色很稳重，比如胡桃木色，就可以选择高级灰等偏艺术感的装饰画。

### 2.5.2　器皿类

生活中必需的餐具、酒具及其他器皿，通过适当的摆放和陈列，都是形成室内风格的点睛之笔。在陈设茶具、餐具和酒具等日用品时，应注意其色彩、质感与室内艺术格调的统一。摆设时应注意构图均匀、高低错落有致，并可用镜面及对比色块作为背衬。日用器皿的种类繁多，切不可统统陈列于表面，应挑选精品陈设，陈设还不要过于分散，一般应以聚为主，聚中有分，分中有聚，使日用品的陈设富于艺术性。

（1）陶瓷制品。

1）陈设用陶瓷主要分为使用型和美术型。使用型陶瓷制品包括餐具、酒具、茶具、盛具等。这类用具会给居室会客、就餐营造优雅的环境。而美术型陶瓷制品称为"陶瓷艺术品"，主要有瓷瓶、瓷盆、瓷画、瓷盘、瓷像、瓷塑、陶盆、陶壶、陶钵等。美术型陶艺装饰品可以是床头灯具、墙面的壁饰和桌头器皿等，在陶艺的题材上可以是抽象些的内容、简洁的造型和舒缓的视觉形式。色彩和造型都要和环境和谐，尽力渲染一种轻松、温馨的氛围，要充分考虑人在休息时精神的需要。

2）传统的陶艺品造型比较讲究，形态线型要有抑扬顿挫、线条婉转流畅且富于变化。它比较适合于装点古朴、典雅的家具环境，而现代陶艺品的造型则趋于简洁、明了、单纯，它可对现代感较强的家居环境饰以点睛之笔。陶艺的材料语言和手工痕迹与工业的干净冷峻的机械语言可以在视觉上对比互补，进而在装饰的视觉形式上形成一个亮点。而纯粹的陈设性的陶艺品的造型则对追求着新奇的消费者有着强大的吸引力。还有许多造型各异的陶艺或以动物、人物组合，或以花草、树木组合，抽象派、卡通式等都在选择之列，只要色彩形状搭配得当，都能使居室显得高雅。同时陶艺壁饰在功能上除了装饰外，还有减噪吸音和防辐射等功能，如图 2-48 和图 2-49 所示。

图 2-48　陶艺壁饰在室内空间的使用

图 2-49　美术型陶艺装饰品

（2）玻璃器皿。

1）玻璃器皿有玻璃茶具、酒具、花瓶、果盘以及其他极具装饰性的玻璃制品和玻雕料器等。它们最主要的特点是玲珑剔透、晶莹透明、造型多姿、工艺奇特。摆放在具室内，即能流露出一份亮丽醒目的感觉。当光线照射在玻璃器皿上，那份烁耀目的感观效果是其他材料所无法提供的。当精致的玻璃器皿放在玻璃格架上，顶部的射灯光线通过层面玻璃板的透射入柜体内，就显得更加透明晶莹、华丽夺目，会大大增强室内感染力。

2）在配饰作为装饰用的玻璃皿时，特别要处理好它们与背景的关系，要通过背景的反射和衬托，充分呈现玻璃皿的特性。布置时不要把玻璃皿集中陈设在一起，以免互相干扰、互相抵消各自的个性和作用，玻璃茶具造型千姿百态，纹饰图案百花齐放，究竟选哪一种，要根据个人的审美情趣及居室装饰风格面定。比如，在现代风格及欧洲风格的家居中摆上一套精致的玻璃茶具或咖啡具更显神采，如图 2-50 和图 2-51 所示。

### 2.5.3　插花花艺类

（1）花艺类型。

1）西式插花。也称欧式插花，它的特点是注重花材外形，追求块面和群体的艺术魅力，作品简洁、大方、凝练，构图多以对称式、均齐式出现，色彩艳丽浓厚，花材种类多，用量大，表现出热情奔放、雍容华贵、端庄大方的风格。

2）东式插花。以我国和日本为代表。选用花材简练，以姿为美，善于利用花材的自然形态和所表达的意境美，并注重季节的感受，以线条的造型为主，多为平衡式构图，以姿态的奇特、优美而取胜。

3）自由式插花。东西方式插花的结合，受当今世界各国出现的各种派别如写实派、抽象派、未来派等派别的影响，选材、构思、造型更加广泛自由。特别强调装饰性、特殊性，更具时代感和生命力。

（2）家居空间花艺布置。

1）客厅的花艺布置。客厅作为会客、家庭团聚的场所，比较适宜陈列色彩较大方的插花，摆放位置应该在视觉较明显的区域，这样可表现出主人的持重与好客，使客人有宾至如归的感觉，同时这也是家庭和睦温馨的一种象征。如果是在夏季，也可以陈列清雅的花艺作品，这可以给人增添无比的凉意，给人以空调的感觉，如图 2-52 所示。

2）卧室花艺布置。对于卧室来说，以单一颜色为主

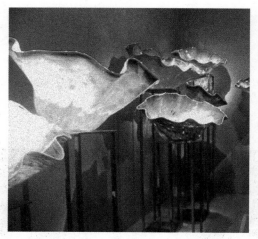

图 2-50 玻璃灯具既具有玻璃器皿的　　　　图 2-51　通过背景的反射和衬托，
　　装饰性同时又具有功能性　　　　　　　充分呈现玻璃皿的特性

图 2-52　客厅的花艺摆设

图 2-53　卧室花艺摆设

较好，花朵杂乱不能给人"静"的感觉，具体需视居住者不同情况而定。中老年人的卧室，以色彩淡雅为主，赏心悦目的插花也可使中老年人心情愉快。另外，年轻人尤其是新婚夫妇的卧室就不适合色彩艳丽的插花了，这会给人一种其他的负面的影响，而淡色的一簇花可象征心无杂念、纯洁永恒的爱情，如图2-53所示。

3）餐厅花艺布置。餐厅的花艺摆设就讲究了，插花以黄色配橘色、红色配白色等有助于促进食欲的花色为宜，但不宜选太艳丽的花朵。如以鲜花为主的插花，可使人进餐时心情愉快，增加食欲。选择餐桌花卉时，需注意桌、椅的大小、颜色、质感及桌巾、口布、餐具等整体的搭配，但一定要注意色彩的呼应，另外还要注意花型的大小以不妨碍对座视线的交流为原则，如图2-54所示。

4）书房花艺布置。书房插花点到为止最好，不可到处乱用，应该从总体环境气氛考虑才能称得上点睛之笔。插花也不必拘泥于以往的框框，不一定只是桌上、台上才能摆花，运用得当，墙面、天花板、屋角等都可利用。但是，我们不可过于热闹抢眼，否则会分散注意力，打扰读书学习的宁静，如图2-55所示。

5）卫生间花艺布置。浴室内湿度高，放置真花真草的盆栽十分适合，湿气能滋润植物，使之生长茂盛，增添生气，如图2-56所示。

图2-54　餐厅花艺摆设

图2-55　书房花艺摆设

图2-56　卫生间花艺摆设

### 2.5.4 雕塑类

（1）雕塑类陈设的特点及类型。

雕塑占据实际空间，与在墙上的绘画作品比较起来，更具有真实感、空间感，因而对人的视觉作用也比较大。雕塑因其形态的不同，在运用中也会有各种方式方法。有的可以挂或者镶嵌在墙上，有的可以摆在地上，有的则需要给设置基座，有的则完全需要摆在其他家具上。雕塑的陈设应考虑光的来源，如光线不足时，应配以灯光照明，以体现其优美而适度的光影变化。当然也要和室内艺术气氛统一。雕塑多采用汉白玉、花岗岩、黄杨木、青铜和石膏。汉白玉洁白如雪、质地细腻，适合于做感情含蓄、风格细腻的作品。其他风格各异的作品可采用不同的材质制作。

（2）家居雕塑陈设原则。

大中型客厅角落和沙发椅的旁边可放置大一点或中等的圆雕，茶几上可放置小型的动物雕塑，这些都可以给客人带来一种趣味。欧式客厅可以放置如希腊雕塑《维纳斯》、《美神》、《大卫像》、《奴隶》、《酒神》等，中式客厅则可以放置秦俑、汉俑、唐三彩、青铜器、石刻佛像系列等。但要注意比例与尺寸大小，不要给人一种拥挤感和沉闷感觉。不能繁乱，注意和花卉配合协调，相益得当，令人心情愉悦。还要注意雕塑和人行路线的关系，有断有连，连断结合。注意雕塑的大小，高低及远近关系；大小是与周围物体的比较，高低是与房间高度的比较及家具的高度相配合。

注意整体与局部的关系，主与从，统一变化的关系。不要太零散，又不要太突出，不要太呆板，又不要太跳跃，这种关系的把握要根据居室的环境来确定，如图2－57所示。

图 2－57 雕塑工艺品在居室内的应用

# 模块 3  软装设计方法

**【教学目标】**

通过本模块的学习，使学生了解并掌握软装设计的方法及运用程序。

**【教学方法】**

运用多媒体教学手段，通过图片、PPT 课件、实际案例的讲解分析作为辅助教学，增加学生对软装设计方法及运用程序的认识和了解。

**【教学重点】**

本模块的重点内容是要使学生了解软装设计的分析等，培养学生对软装设计运用程序的分析、思考和设计能力。

**【作业要求】**

在本模块的学习中，通过对之前所收集的资料和软装户型，对其墙面、地面、顶面等空间进行软装设计。

## 3.1  软装设计的分析原则

### 3.1.1  人体工程学

人体工程学又称人机工程学、人类工效学，它是研究人在工作环境中所遇到的解剖学、生理学、心理学等诸多方面的因素，研究人—机械—环境系统中的相互作用着的各组成部分（效率、健康、安全、舒适等因素），在工作、家庭、休假等环境里，如何达到最优化的问题，人体工程学是为解决该系统中人的效能、健康等问题提供理论与方法的科学。人体工程学联系到室内设计，其含义为：依据"以人为中心，为人而设计"的原则。运用人体测量、生理、心理计测等方法，研究人体的结构功能、心理等方面与室内空间环境的合理协调关系，创造出适合人活动需求的室内空间。在室内设计中，要营造出各种有利于人的身心健康的舒适环境，主要采用科学的分析方法，包括"关于人体尺度和人类的生理及心理需求"这两方面。除此之外，人体自身的空间构成的相关问题的重要性也显现出来，所以，在开始研究之前，先要了解人体空间构成的相关问题。

人体空间的构成主要包括以下三个方面。

1. 体积

体积是指人体活动的空间范围。要了解人体空间，需要以解剖学、测量学、生理学和心理学等知识为基础进行研究，了解并掌握在室内空间中人的活动能力和极限，熟悉人体功能相适应的基本尺度。

人体基本尺度是人体工程学研究的最基本的数据之一。它主要以人体构造的基本尺寸（又称为人体结构尺寸，主要是指人体的静态尺寸。如：净身高、坐高、肩宽、臀宽、手臂长度等）为依据，研究人体对环境中各种物理、化学因素的反应和适应力，分析环境因素对生理、心理以及工作效率的影响，确定人在生活、生产和活动中所处的各种环境的舒适范围和安全限度，人体基本尺度会根据研究对象的国籍、生活的区域以及个人的民族、生活习惯等不同因素而产生较大差异。所以，人体工程学在设计实践中经常采用的数据都是平均值，此外还向设计人员提供相关的偏差值，以供余量的设计参考。例如，日本男性市民的身高平均值为 1651mm，美国男性市民身高平均值为 1755mm，英国男性市民身高平均值为1780mm。人体基本动作尺度，是人体处于运动时的动态尺寸，因其是处于动态中的测量。在此之前，我们可先对人体的基本动作趋势加以分析。人的工作姿势，按其工作性质和活动规律，可分为：站立姿势、座椅姿势、跪坐姿势和躺卧姿势。我国不同地区人体各部分平均尺寸（mm），如表3-1所示。

表3-1  人体各部分尺寸表

| 编号 | 部位 | 较高人体地区（冀、鲁、辽） | | 中等人体地区（长江三角洲） | | 较低人体地区（四川） | |
|---|---|---|---|---|---|---|---|
| | | 男 | 女 | 男 | 女 | 男 | 女 |
| 1 | 人体高度 | 1690 | 1580 | 1670 | 1560 | 1630 | 1530 |
| 2 | 肩宽度 | 420 | 387 | 415 | 397 | 414 | 385 |
| 3 | 肩峰至头顶高度 | 293 | 285 | 291 | 282 | 285 | 269 |
| 4 | 正立时眼的高度 | 1513 | 1474 | 1547 | 1443 | 1512 | 1420 |
| 5 | 正坐时眼的高度 | 1203 | 1140 | 1181 | 1110 | 1144 | 1078 |
| 6 | 胸廓前后径 | 200 | 200 | 201 | 203 | 205 | 220 |
| 7 | 上臂长度 | 308 | 291 | 310 | 293 | 307 | 289 |
| 8 | 前臂长度 | 238 | 220 | 238 | 220 | 245 | 220 |
| 9 | 手长度 | 196 | 184 | 192 | 178 | 190 | 178 |
| 10 | 肩峰高度 | 1397 | 1295 | 1379 | 1278 | 1345 | 1261 |
| 11 | 1/2上个髂展开 | 869 | 795 | 843 | 787 | 848 | 791 |
| 12 | 全长 | 600 | 561 | 586 | 546 | 565 | 524 |
| 13 | 臀部宽度 | 307 | 307 | 309 | 319 | 311 | 320 |
| 14 | 肚脐高度 | 992 | 948 | 983 | 925 | 980 | 920 |
| 15 | 指尖到地面高度 | 633 | 612 | 616 | 590 | 606 | 575 |
| 16 | 上腿长度 | 415 | 395 | 409 | 379 | 403 | 378 |
| 17 | 下腿长度 | 397 | 373 | 392 | 369 | 391 | 365 |
| 18 | 脚高度 | 68 | 63 | 68 | 67 | 67 | 65 |
| 19 | 坐高 | 893 | 846 | 877 | 825 | 350 | 793 |
| 20 | 腓骨高度 | 414 | 390 | 407 | 328 | 402 | 382 |
| 21 | 大腿水平长度 | 450 | 435 | 445 | 425 | 443 | 422 |
| 22 | 肘下尺寸 | 243 | 240 | 239 | 230 | 220 | 216 |

2. 位置

位置是指人体在室内空间中的相对"静点"（所谓静点是指物体转动中心的相对稳定的重心点，可以用坐标形式标出）。相同个体或群体在不同的活动空间中，总会趋向一个相对的空间"静点"，以此来表示人与人之间的空间位置和心理距离等，它主要取决于视觉定位。同样它也根据人的生活、工作和活动所要求的不同环境空间，而表现在设计中将是一个弹性的指数。

3. 方向

方向是指人在空间中的"动向"。这种动向受生理、心理以及空间环境的制约，体现了人对室内空间使用功能的规划和需求。如：人在黑暗中具有趋光性的表现，而在休息时则有背光的行为趋势。

### 3.1.2  设计心理

人们不仅会以生理的尺度去衡量空间，对空间的满意程度及使用方式还决定于人的心理尺度，由这个尺度产生的空间这就是心理空间。心理空间对人的心理影响很大，其表现形式有以下几种。

（1）个人空间。

每个人都有自己的个人空间，这是直接在每个人的周围的空间，通常是有看不见的边界，边界以内的空间不允许外人轻易渗透进来。它还具有灵活的伸缩性，可以跟随人移动。

（2）领域性。

领域性一词是从动物行为的研究中借用过来的，它是指动物的个体或群体常常生活在自然界的固定位置或区域，各自保持自己的一定的生活领域，以减少对于生活环境的相互竞争。

（3）人际距离。

人与人之间距离的大小取决于人们所在的社会集团（文化背景）和所处情况。与熟人还是生人，人的身份不同（平级人员较近，上下级较远）身份越相似，距离越近。赫尔把人际距离分为四种：密友、普通朋友、社交、其他人。

（4）恐高症。

登临高处，会引起人血压和心跳的变化，人们登临的高度越高，恐惧心理越重。在这种情况下，许多在一般情况是合理的或足够安全的设施也会被人们认为不够安全。

（5）幽闭恐惧。

幽闭恐惧在人们的日常生活中多少会遇到，有些情况严重，有些情况轻微。如坐在只有前门的轿车后座时、乘电梯时、坐在飞机狭窄的舱里时，总是有一种莫名危机感，总会担心发生问题时会跑不出去。原因在于对自己的生命抱有危机感，这些并非是胡思乱想，而是有其道理的。

### 3.1.3 功能

软装饰设计有着可以直接体现居室装潢功能的效果，它能柔化空间，增强室内装饰的虚实对比感，营造室内装潢整体的艺术气氛，突出装饰风格，以此体现居室主人的个性。在实践中，要根据居室空间的大小形状、装饰投资和主人的生活习惯、兴趣爱好等线索，从整体上来综合策划装饰设计方案。

在确定整体设计风格的前提下，对每一个空间设计均要重视软装饰的整体设计。例如卧室要设计的简洁明快，墙面、床上用品和窗帘颜色之间关系将决定整体卧室的美观效果。如墙纸的色彩由粉红、淡紫、钴蓝组成，那么床罩、窗帘的色彩最好与之类同，从而使整个空间的艺术氛围能很好表现出来。

设计的同时也要充分考虑软装饰与硬装饰形态风格相协调，除了家具的造型和门窗造型协调之外，家具、地板和门窗之间的颜色也应在一个颜色系列内。窗帘的用料和用色与沙发的形状和用色也要相互协调。把握总体效果。如果硬装饰形状以方形为主线，软装饰则可以用弧线来表现；硬装饰的形与色如果视觉上是"硬和深"

的，软装饰设计则可用视感中的软和浅来柔和空间的关系。相对于满贴大理石或玻化石的客厅，可以在沙发区铺放工艺地毯与之搭配，但如果木地板上再铺工艺地毯，效果就相对较差。对于地毯的花形色彩，其色相要与窗帘、沙发、桌布相协调，否则会给人一种杂乱的感觉。

书画、雕塑、书籍、陶艺品、布艺、盆景、古玩之类的摆设物，可以有不同的变化，但数量不宜过多，在位置角度的比例要得体，同时也要注意和绿色植物装饰相辉映，随意的填充和堆砌，会让人产生的没有条理、没有秩序的感觉。艺术品的布置有序会有一种节奏感，就像音乐的旋律和节奏、搭配合理才能产生美妙的旋律一样，工艺品，要注意大小、高低疏密、色彩的搭配，才能产生舒适的节奏感。

### 3.1.4 服务

每一个软装方案都是针对不同的业主设计的，因此软装设计的首要因素是符合人的生理机能和满足人的心理需求。

（1）服务内容。

一般软装方案设计主要为业主提供整体软装设计（包括家居饰品、花艺、窗帘、地毯等的室内陈设与布置）、选材、预算等服务，另外就是公共空间的室内软装配饰工程，如各种楼市的样板房、五星级酒店、别墅、会所等的室内软装配饰工程。

（2）服务对象。

软装方案设计服务对象一般有：样板房、住宅、高星级酒店、别墅、会所、俱乐部、公共/娱乐场所、办公/商业空间。

（3）软装饰服务流程。

初步接触→概念方案（免费）→签订设计合同（收费）→深化设计阶段→签订软装配套服务合同（产品合同）→订货、采购、陈设、安装、验收→饰后服务。

## 3.2 软装设计的搭配技巧

### 1. 软装饰品搭配的四大技巧

软装饰品的搭配是要讲究一定技巧的，是在长期的软装设计过程中不断总结出来的经验的提炼，巧妙地运用这些技巧可以有效避免空间变得单调或者杂乱。软装饰品搭配主要有以下四大技巧。

（1）摆放饰品要前小后大层次分明。

要将一些家居饰品组合在一起，使它们成为视觉焦点的一部分，对称平衡感很重要。周围有大型家具时，排列的顺序应该由高到低陈列，以避免视觉上出现不协调感，或是保持两个或多个饰品的重心一致。例如：将两个样式相同的雕塑并列、两个花色相同的抱枕并排，不但能营造和谐的韵律感，还能给人祥和温馨的感受。另外，摆放饰品时前小后大层次分明能突出每个饰品的特色，在视觉上就会感觉到和谐与雅致。

（2）布置家居饰品时要结合家具整体风格。

先找出大致的风格与色调，根据这个统一基调来布置就不容易出错。例如，纯中式的家居设计，具有历史感的家居饰品就很适合整个空间的个性。如果是自然的乡村风格，就以自然风格的家居饰品为主。

（3）饰品的选择与布置要从小的入手。

摆饰、抱枕、餐巾、小挂饰等中小型饰品是最容易上手布置单品，刚开始可以从这些先着手，在慢慢扩散到大型家具陈设。小的家居饰品往往会成为视觉焦点，能更好地体现主人的兴趣和爱好。

（4）家居布艺是重点。

每一个季节都有属于不同颜色、图案的家居布艺，无论是色彩绚丽印花布还是华丽的丝绸、浪漫的蕾丝，只需要换不同风格的家居布艺，就可以变换出不同家居风格，比换家具更经济、更容易完成。家居布艺的色系要统一使搭配更加和谐，以增强居室的整体感。家居中直、硬的线条和冷色调，都可以用布艺来柔化。

2. 软装设计的搭配分析

如何在空间中运用合适的色彩比例，这是室内设计中的一个难点，比较常见的色彩比例为 60∶30∶10，即主色彩是 60% 的比例，次要色彩是 30% 的比例，辅助色彩是 10% 的比例。例如，一个男士的穿着色彩，外套可以用 60%，那么衬衫是 30%，领带就是 10%。再如，室内空间的色彩，墙壁用 60% 的比例，家居床品、窗帘之内就是 30%，那么 10% 就是小的饰品和艺术品，这是一种黄金比例，在任何空间下使用都能得到不错的效果，如图 3-1 所示。

图 3-1 所示的设计作品巧妙地运用了深色木质百叶窗，可让光线从客厅进入到里屋。在空间颜色的设计上，主要采用了经典的蓝白搭配方案，给人以舒适通透的视觉感受，同时又令人非常放松。在客厅的色彩搭配中运用了深蓝、白色、米色，以及原木色共四种颜色。在色彩比重的考量上，设计师聪明地采用了 6∶3∶1 的比例，房间中主要设计（包括墙面、家具、摆设、配饰等）的颜色占总体颜色比重的 60%，次要部分占 30%，剩下的占 10%，这样可让设计中搭配的颜色找到平衡点，既令空间具有层次感，又十分和谐。

具体分析如下：主墙面、沙发、地毯和陈设摆件等采用了深蓝色，颜色所占比重为 60%。次墙面、屋顶、地板和灯罩、靠垫等软装陈设采用了白色和奶油色，颜色所占比重为 30%。木窗和木质家具等采用了深色调，

图 3-1 软装色彩搭配案例

在房间的冷色调中增添稍许温暖的感觉，且令整个空间更有视觉层次感，颜色所占比重为10％。6：3：1比例的搭配方法同样可以运用在室内设计的其他方面，比如，墙面、地板和天花板等家具要素的材质和色彩在整个设计中占30％；其他配饰，如木材和特殊纹理效果材料的设计运用占10％。黄金比例原则在家居设计中的灵活运用，关键是营造一个更为协调和完整的居室空间，带给人舒适和自在的生活氛围。

## 3.3 软装设计的运用程序

（1）初步洽谈。了解业主所需服务，告知业主公司情况及相关服务内容，与之初步沟通设计理念，确定大体意向。

（2）收取设计定金。根据服务内容收取定金（此环节可根据实际情况确认）。

（3）现场测量。现场进行房屋勘测，包括：尺寸、各结构位置（窗、暖气等），并进行拍照后期应用及完工对比。

（4）设计方案初稿（2～5个工作日）。

1）平面设计方案。包括原始结构图和平面功能布局两部分，其中原始结构图内应标明各电路开关、暖气、地面铺设等硬装结构，平面功能布局应注意模型尺寸与实际家具的尺寸，不要造成设计误差，以免购买的家具不合适。

2）定风格。注意结合硬装、业主需求（房地产要根据销售对象）、市场调查、流行趋势等因素。

3）选购家具。注意家具的尺寸，以及家具之间空隙的关系，作平面图及家具说明图。

4）定制家具。衣帽间、储物间等的设计方案。

5）窗帘、床品（布艺）样式及风格设计。

6）墙面处理设计。

7）灯具的安排。顶灯、射灯、落地灯、台灯等光源设计。

8）装饰画设计及选择。注意整个空间的色彩，画框的统一，具体设计方向有以下几点。

地毯设计：客厅、卧室、厕所、入门等。

花及植物设计：客厅、书房、卧室等。

餐台设计：盘、叉、茶具。

饰品风格设计（此内容都为初步构思设计）。

9）初步报价。

以上为初步方案，部分内容可根据实际情况增加删减。与业主进行初步方案沟通：并进行反复修正，最终方案定稿，此部分内容需要进行细算，采购的数量、饰品的各种摆放（平面摆放图、立面摆放图）。

（5）签订合同，现场尺寸最终核实，收取工程款：第一笔60％，大件采购到位后，甲方验收货物到达后付30％，工程结束验收合格付10％。（工程工期收取第一笔款后的一天开始计算）。

（6）工程前期运作（不含定制家具15个工作日或含定制家具30个工作日）：

1）选购家具。本地选购注意尺寸以及家具之间空隙的关系，家具摆进房间后的空间大小，外地采购需要注意时间、价格、款式、托运、定做等问题（路程及选择2个工作日、定做15个工作日、托运5个工作日）。

2）定制家具。可与硬装结合进行，注意门套、踢脚线安装协调问题，尺寸问题（工期15个工作日）。

3）窗帘床品选购。样式、布料的选择（工期10个工作日）。

4）墙面处理。可与硬装同步。

5）灯具。定制顶灯、射灯、落地灯、台灯等。

6）画、地毯、花卉绿植、餐台、饰品等软装的设计、采购。

所有设计及定制必须甲方签字。

（7）确认家具到货收取二次款现场施工。

1）搬运。搬运家具及陈设并安装，现场保洁、布置，补充物品。

2）验收。签验收单及所有物品交接单，收取尾款及结束工程所有相关工程文件存档（合同、设计、采购单、甲方确认单等）。

# 模块 4　软装设计风格

---

## 本 模 块 教 学 引 导

**【教学目标】**

通过本模块的学习，了解并掌握各种不同的软装设计风格。

**【教学方法】**

运用多媒体教学手段，通过图片、PPT 课件、实际案例的讲解分析作为辅助教学，增加学生对软装设计风格的认识和了解。

**【教学重点】**

本模块的重点内容是要使学生了解软装设计风格，培养学生掌握各类软装设计风格的本领。

**【作业要求】**

在本模块的学习中，通过对不同风格软装的了解，选择自己喜欢的软装设计风格进行软装设计。

---

软装风格设计是利用那些易更换、易变动位置的物品，在遵循不同地域文化、人文生活和特有的建筑设计风格和相关元素的基础上进行的设计和整合。风格的确立，不是靠钢筋混凝土，也不是靠砖头与水泥砂浆，而是需要有一定实用性、观赏性和象征性的装饰物，这些都是软装饰的重要组成部分。根据各地的建筑风格和地域人文特点，软装风格按照室内软装设计风格大类可以分为：中式风格、欧式风格、现代风格、田园风格、日式风格、地中海风格、新古典风格、东南亚风格等。

## 4.1　中式风格（Chinese style）

中式风格的室内设计古朴典雅，能反映出强烈的民族文化特征，让人一看就容易理解其文化内涵，特别是对中国人，更是有一种亲和力。所以现在很多室内设计师都很喜欢采用这种风格。中式风格适合性格沉稳、喜欢中国传统文化的人群。

中式建筑的组合方式信守均衡对称的原则，主要的建筑在中轴上、次要建筑分列两厢，形成重要的院厅，不论住宅、宫署、宫殿、庙宇，原则都是相同的。而其四平八稳的建筑空间，则反应了中国社会伦理的观念。中式建筑的另一特色是木材结构的间架，正面为门留。中国自数千年前即使用木材，发明桥梁间架，因为木质象征生命，而中国文化强调生命的感觉，因此这种特色一直保留至今没有改变。例如有些大堂虽然建筑材质并不是木结构的、但其正气威严的形象正是源于中式的建筑理念。值得一提的是，中式风格与中国人内在的宗教情结完美地结合在一起，在一些细节的地方勾勒出儒教或禅宗的意境。于客厅之内精心摆放的石刻甚至会同时具有儒释道三教的影子。

中式风格主要特征有以下几个方面。

（1）中式风格以传统文化内涵为设计元素，室内装饰丰富，家具陈设讲究对称，重视文化意蕴，沿袭了中式建筑的理念。

（2）色彩讲究对比，常用红、黑或是宝蓝的色彩，既热烈又含蓄，既浓艳又典雅。

（3）讲究空间上的层次感，常采用"哑口"或简约化的"博古架"来分割空间，用实木做出结实的框架。

如屏风或窗棂，并在上面绘制或雕刻出古朴的图案。

（4）借鉴中国古典园林的手法，在室内营造出步移景异的视觉效果。

（5）盆景、字画、古玩、宫灯、紫砂陶等是中式风格中常出现的装饰品。墙面的软装饰有手工织物（如刺绣的窗帘等）、中国山水挂画、书法作品、对联和窗檐等，地面铺手织地毯，配上明清时的古典沙发，其沙发布、靠垫用绸、缎、丝、麻等做材料，表面用刺绣或印花图案做装饰，如图4-1～图4-7所示。

现代中式风格，也被称作新中式风格。是中国传统文化风格，结合中国当代文化进行的当代设计。现代中式风格的设计，并不是简单的两种风格的合并，而是需要从功能、外观、文化内涵等方面进行综合考虑，对传统的元素作适当的简化与调整，对传统的材料、构造、工艺进行再创造，是在尊重中国传统文化的基础上，迎合现代人对简约时尚的追求而产生的新的设计风格。以现代人的审美需求来打造富有传统韵味的空间，让传统艺术在当今社会得以体现，如图4-8～图4-13所示。

图4-1　借鉴中式风格古典园林手法的设计

图4-2　中式风格书房软装设计

图 4 - 3　中式风格会客厅软装设计

图 4 - 4　中式风格餐厅软装设计

图 4 - 5　中式风格走廊软装设计

图 4-6　中式风格工艺品配饰（一）

图 4-7　中式风格工艺品配饰（二）

图 4-8　新中式风格博古架

图 4-9　新中式风格卧室软装（一）

图 4-10　新中式风格卧室软装（二）

图 4-11 新中式风格餐厅软装

图 4-12 新中式风格起居室软装

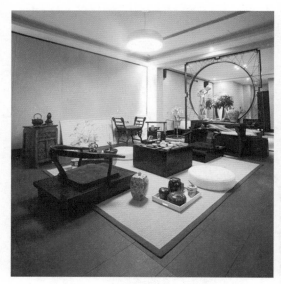

图 4-13　新中式风格会客厅软装

图 4-14　欧式桌椅

图 4-15　欧式卧室软装

图 4-16　欧式客厅软装（一）

## 4.2　欧式风格（European style）

欧式风格的特点是端庄典雅、华丽高贵、金碧辉煌，体现了欧洲各国传统文化内涵。欧式风格按不同的地域文化可分为北欧、简欧和传统欧式。它在形式上以浪漫主义为基础，装修材料常用大理石，多彩的织物，精美的地毯，精致的法国壁挂，整个风格豪华、富丽，充满强烈的动感效果。一般说到欧式风格，会给人以豪华、大气、奢侈的感觉，主要的特点是采用了罗马柱、壁炉、拱形或尖肋拱顶、顶部灯盘或者壁画等具有欧洲传统的元素。

欧式风格多用在别墅、会所和酒店的工程项目中。一般这类工程通过欧式风格来体现一种高贵、奢华、大气等感觉。

在一般住宅公寓项目中，也有常用欧式风格。这种一般追求欧式风格的浪漫，优雅气质和生活的品质感，如图 4-14～图 4-19 所示。

欧式风格主要特征体现在以下六个方面。

（1）欧式风格中的绘画多以基督教内容。

（2）欧式风格的顶部灯盘造型常用藻井、拱顶、尖肋拱顶和穹顶。与中式风格的藻井方式不同的是，欧式的藻井吊顶有更丰富的阴角线。

（3）丰富的墙面装饰线条或护墙板在现代的室内设计中，考虑更多的经济造价因素而常用墙纸代替，带有复古纹样色彩的墙纸是欧式风格中不可或缺的材料。

图 4-17　欧式餐厅软装

图 4-18　欧式书房软装

图 4-19　欧式客厅软装（二）

（4）地面一般采用波打线及拼花进行丰富和美化，也常用实木地板拼花方式。一般都采用小几何尺寸块料进行拼接。

（5）木材常用胡桃木、樱桃木以及榉木为原料。

（6）石材常用的有爵士白、深啡网、浅啡网、西班牙米黄等。

欧式古典风格的装饰细节与普通欧式风格稍有区别，多以人物、风景、油画为主，以石膏、古铜、大理石等雕工精致的雕塑为辅。而具有历史沉淀感的仿古钟，精致的台灯，都可以把空间点饰的无比清逸，将质感和品位完美地融合在一起，凸显出古典欧式雍容大气的家居效果。

欧式风格整体在材料选择、施工、配饰方面上的投入比较高，多为同一档次其他风格的数倍以上，所以更适合在较大别墅、宅院中运用，而不适合较小户型。

## 4.3　现代风格（Modern style）

现代风格即现代主义风格。现代主义也称功能主义，是工业社会的产物，起源于1919年包豪斯学派。现代风格提倡突破传统，创造革新，重视功能和空间组织，注重发挥结构构成本身的形式美，崇尚合理的构成工艺，尊重材料的特性，讲究材料自身的质地和色彩的配置效果。现代风格大体包括后现代风格和新现代主义风格，整个空间的设计充分体现出简洁、实用的个性化空间，空间的色彩比较跳跃、空间的功能性比较多。

现代主义的装修风格有几个明显的特征。

1）在设计细节上，现代风格多采用最新的材料，例如不锈钢、铝塑板或合金材料等，作为室内装饰及家具设计的主要材料。墙面多采用艺术玻璃、简洁抽象的挂画。窗帘的装饰纹样多以抽象的点、线、面为主。床罩、地毯、沙发布的纹样都应与此一致，其他装饰物（如瓷器、陶器或其他小装饰品）的造型也应简洁抽象。以求得更多共性，突显现代简洁主题。

2）在功能上，现代风格强调现代居室的视听功能或自动化设施，家用电器为主要陈设，构件节点精致、细巧，同时强调结构或机械组织的暴露以表现抽象艺术风格，如把室内水管、风管暴露在外，或使用透明的、裸露机械零件的家用电器，如图4-20~图4-23所示。

简约、简洁、空间感很强是现代主义风格的特色，家具造型多以干练的直线为基础，点、线、面的构成主义，可与其他各类风格家居软装饰进行混搭，形成风格迥异的家居空间。如古典主义软装饰，波普软装饰的跳跃色彩，中式元素软装饰等，与现代主义风格的干练朴实相互交融碰撞，让久居都市的上班族可以获得片刻温馨舒适，如图4-24所示。

现代主义的搭配方式有以下几种。

1）现代主义＋古典主义软装饰点缀。

古典主义高贵深邃的气质，弥补了现代主义的朴素感。

2）现代主义＋波普软装饰的跳跃色彩。

现代主义的平滑朴实调和了波普风格强烈色彩图案的视觉冲击力，不会因为色彩的活跃性，给人造成长时间兴奋而产生的不适感。

3）现代主义＋中式元素软装饰。

中式元素软装饰的注入，增添了现代主义的文化气息，干练且素雅。

图4-20　现代餐厅软装

图4-21　现代客厅软装

图 4-22　简洁流畅的现代风格软装

图 4-23　黑白色调的现代风格软装

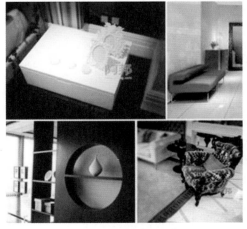

图 4-24　与其他各类风格进行混搭，
形成风格迥异的家居空间

## 4.4　田园风格（Rural style）

田园风格就是指以田地和园圃特有的自然特征为主题，表现出农村生活或乡间风格的艺术特色，呈现出自然闲适的内容。田园风格强调自然美，装饰材料均取自天然材质，竹、藤、木的家具，棉、麻、丝等织物，陶、砖、石的装饰物，乡村题材的装饰画，一切未经人工雕琢的都是具有亲和力的，即使有些粗糙，都是自然地流露。田园风格一般根据不同的地域和文化分为以下几种。

（1）英式田园风格。

英式田园的家具多以奶白、象牙白等白色为主，高档的桦木、楸木等做框架，配以高档的环保中纤板做内板，优雅的造型，细致的线条和高档油漆处理，都使得每一件产品含蓄温婉内敛而不张扬，散发着从容淡雅的生活气息，又带有清纯脱俗的气质，无不让人心潮澎湃，浮想联翩，如图 4-25 和图 4-26 所示。

（2）美式田园风格。

美式田园风格又称为美式乡村风格，倡导"回归自然"，在室内环境中力求表现悠闲、舒畅、自然的田园生活情趣。善于设置室内绿化，创造自然、简朴、高雅的氛围。美式乡村风格的色彩以自然色调为主，以绿色、土褐色最为常见。常运用天然木、石、藤、竹等材质质朴的纹理。壁纸多为纯纸浆质地，家具颜色多仿旧漆，式样厚重，设计中多有地中海风格的拱。

美式田园风格有务实、规范、成熟的特点。以美国的中产阶级为主要人群，他们有着相当不错的收入作支撑，所以可以在面积较大的居室中自由地发展自身喜好，设计案例也在相当程度上表现出其居住者的品位、爱好和生活价值观，如图 4-27～图 4-29 所示。

（3）中式田园风格。

中式田园风格注重人文气息和自然恬适之感，利用竹、藤、石、水、花、草、字、画等元素，营造出雅致空间，主客置身其中，品茗博弈。中式田园风格颜色搭配上，没有十分跳跃突出的色彩，一切都是平和中庸的。中式田园风格的基调是象征丰收的金黄色，尽可能选用木、石、藤、竹、织物等天然材料装饰，如图 4-30 和图 4-31 所示。

（4）法式田园风格。

法式田园风格最明显的特征是家具的洗白处理及配

图 4 - 25　清新的英式田园风格软装（一）

图 4 - 26　清新的英式田园风格软装（二）

图 4 - 27　质朴温馨的美式田园风格软装

图 4 - 28　古典高雅的美式田园风格软装

图 4 - 29　美式田园风格中的沙壶吧（设计：樊超）

图 4-30 雅致的中式田园风格软装

图 4-31 自然写意的中式田园风格软装

图 4-32 洗白处理的法式田园家具

色上的大胆鲜艳，洗白处理使家具流露出古典家具的隽永质感，黄色、红色、蓝色的色彩搭配，则反映丰沃、富足的大地景象。而椅脚被简化的卷曲弧线及精美的纹饰也是优雅生活的体现，如图 4-32 所示。

（5）南亚田园风格。

南亚田园风格的家具显得粗犷，但平和而容易接近。材质多为柚木，光亮感强，也有椰壳、藤等材质的家具。做旧工艺多，并喜做雕花。色调以咖啡色为主，如图 4-33 和图 4-34 所示。

田园风格倡导"回归自然"，美学上推崇"自然美"，认为只有崇尚自然、结合自然，才能在当今高科技快节奏的社会生活中获取生理和心理的平衡。因此田园风格力求表现悠闲、舒畅、自然的田园生活情趣。

图 4-33　独具异域风情的南亚田园软装（一）

图 4-34　独具异域风情的南亚田园软装（二）

## 4.5　日式风格（Japanese style）

日式风格又称和式风格，这种风格的特点是使用于面积较小的房间，其装饰简洁、淡雅。一个略高于地面的榻榻米平台，配上日式矮桌，草席地毯，布艺或皮艺的轻质坐垫、纸糊的日式移门等是这种风格重要的组成要素。日式风格中没有很多的装饰物去装点细节，所以使整个室内显得格外的干净利索。它一般采用清晰的线条，使居室的布置带给人以优雅、清洁的感觉，并有较强的几何立体感。日式风格特别能与大自然融为一体，借用外在自然景色，为室内带来无限生机。

日式风格的特征有以下几个方面。

（1）在空间布局上，讲究空间的流动与分隔，流动则为一室，分隔则分几个功能空间，空间中总能让人静静地思考，禅意无穷。

（2）在材质运用方面，传统的日式家居将自然界的材质大量运用于居室的装修、装饰中，不推崇豪华奢侈、金碧辉煌，以淡雅节制、深邃禅意为境界，重视实际功能。

（3）传统的日式家具以其清新自然、简洁淡雅的独特品位，形成了独特的家具风格。选用材料上也特别注重自然质感，营造的闲适写意、悠然自得的生活境界。

日本的住所中，客厅、饭厅等对外部分是使用沙发、椅子等现代家具的洋室，卧室等对内部分则是使用榻榻米、灰砂墙、杉板、糊纸格子拉门等传统家具的和室，如图 4-35～图 4-37 所示。

图 4-35　日式风格餐厅软装（一）

图 4-36　日式风格餐厅软装（二）　　　　　　　　　图 4-37　日式风格餐厅软装（三）

## 4.6　地中海风格（Mediterranean style）

文艺复兴前的西欧，家具艺术经过浩劫与长时间的萧条后，在 9～11 世纪又重新兴起，而在这个时期形成的独特风格，即地中海风格。地中海风格指延地中海周边的国家如西班牙、法国、意大利、希腊、土耳其等国家的建筑及室内装饰风格。地中海风格的设计灵魂是"蔚蓝色的浪漫情怀，海天一色、艳阳高照的纯美自然"。地中海风格的特点是明亮、大胆、色彩丰富、简单、民族性、有明显特色，蓝白色调的大胆使用是其主要的特征和明显的标志。它不需要太大的技巧，而是保持简单的意念，捕捉光线、取材大自然，大胆而自由地运用色彩、样式，对于久居都市，习惯了喧嚣的现代都市人而言，地中海风格给人们以返璞归真的感受。

地中海风格通常将海洋元素应用到家居设计中，给人自然浪漫，蔚蓝明快的舒适感。在造型上广泛运用拱门与半拱门，在带来曲线美的同时，又给人延伸般的透视感。在家具选配上，通过擦漆做旧的处理方式，搭配贝壳、鹅卵石等海洋元素，表现出自然清新的生活氛围。在色彩上，以蓝色、白色、黄色为主色调，看起来明亮悦目、通透开阔。在材质上，材料的质地较粗，并有明显、纯正的肌理纹路，一般选用自然的原木、天然的石材以及很多大自然的天然材料等，用来营造浪漫自然。同样地中

海风格的家具在选色上，它一般也选择直逼自然的柔和色彩。在组合设计上要注意空间搭配，充分利用每一寸空间，且不显得局促、不失大气，解放了开放式自由空间，集装饰与应用于一体。在柜门等组合搭配上避免琐碎，要显得大方、自然，让人时时感受到地中海风格家具散发出的古老尊贵的田园气息和文化品位，其特有的罗马柱般的装饰线简洁明快，流露出古老的文明气息。

地中海风格的搭配方法有以下几种。

（1）色彩搭配，简单实用。

蓝与白是地中海风格不可缺少的色调，绘制了一幅蓝天碧海，金色沙滩，零零散散的贝壳，薰衣草花田，加上洒落在房间里那充足的阳光，仿佛置身爱琴海曼妙迷人的风景中，这种色彩的使用，使人感到宁静悠远、心旷神怡。蓝紫、草绿、明黄、红褐的搭配，也是地中海风格家居色彩的一个亮点，悠远深邃，又不失热情奔放。室内家居运用的所有颜色都是自然色彩的释放，明亮、艳丽，充分体现了地中海风格的浪漫情怀。

（2）布艺软饰，轻松搭配。

地中海风格家居中，窗帘、沙发布、餐布、床品等软装饰织物，所用的布艺面料以低彩度色调的天然棉麻

织物为首选，小碎花、条纹、格子图案的布艺是其主要的装饰风格，配以造型圆润的原木家具。

（3）家居饰品，自然释放。

地中海风格家居饰品主要以手工质地、铁质铸造等工艺品装饰。这类风格主要追求质朴自然、惬意宁静的一种回归的感觉，不需要精雕细琢，自然流畅的曲线造型。马赛克、贝壳、小石子等装饰物的点缀，阳光、大

海、沙滩、岛屿仿佛呈现眼前。

（4）将室外的绿色搬进室内。

室内绿化在地中海风格家居中也十分重要，藤蔓植物，缠绕穿插与墙边廊上，藤编摇椅旁茂盛的观叶植物，茶几壁炉上的精致盆景等，虽不经意，但却能增加室内的灵动和生气，在室内营造一种大自然的氛围，如图4-38～图4-43所示。

图4-38 蓝、白色调的地中海风格软装（一）

图4-39 蓝、白色调的地中海风格软装（二）

图4-40 地中海风格家具（一）

图4-41　地中海风格家具（二）

图4-42　地中海风格卧室软装

图4-43　地中海餐厅软装

## 4.7　新古典风格（The Neoclassical style）

新古典主义设计风格其实就是经过改良的古典主义风格。它一方面保留了材质、色彩的大致风格，但仍然可以很强烈地传达出传统的历史痕迹与浑厚的文化底蕴，同时又摒弃了过于复杂的装饰，简化了线条。家居软装饰在表现新古典主义时多运用蕾丝花边垂幔、人造水晶珠串、卷草纹饰图案、毛皮，皮革蒙面、欧式人物雕塑、油画等，满足了人们对古典主义式浪漫舒适的生活追求，其格调华美而不显张扬，高贵而又活泼自由。在图案纹饰运用搭配上，新古典主义家居软装饰更加强调了实用性，不再一味地突出繁琐的装饰造型纹饰，多以简化的卷草纹、植物藤蔓等装饰性较强的造型作为装饰语言，突出一种华美而浪漫的皇家情节。色彩的运用上，新古典主义也逐渐打破了传统古典主义忧郁、沉闷的气氛，以亮丽温馨的象牙白、米黄，清新淡雅的浅蓝，稳重而不奢华的暗红，古铜色演绎新古典主义华美亲人的新风貌。家具设计上则将古典的繁杂雕饰经过简化，并与现代的材质相结合，呈现出古典而简约的新风貌，是一种多元化的思考方式。将怀古的浪漫情怀与现代人对生活的需求相结合，兼容华贵典雅与时尚现代。新古典主义设计满足了人们对历史的温情，对浪漫的情怀，而且从视觉、质感、情感等方面及功能上赋予人们更加雅致的生活。

新古典主义风格的主要特征有以下五个方面。

（1）空间上注重新的功能，厅室布置合理；形式上注重简洁而新颖；运用古典的元素进行设计。

（2）装饰上摒弃了过于复杂的装饰盒纹理，对线条的处理更为简洁。装饰构件形体明确、雕塑感强，体现严格、纯净的古典精神。

（3）家具做工考究，造型简洁而朴素，以直线为基调，不作过密的细部雕饰，追求整体比例的和谐与呼应。材质主要选用胡桃木，其次是桃花心木、椴木和乌木等，以雕刻、镀金、镶嵌等装饰方法为主。家具样式包括中式和西式两类，是对古典家具的简化和神似，体现现代家具的功能。

（4）色彩上多用金色和暗红，稍加白色柔和则显得明亮而淡雅，突出尊贵雍容。壁纸的大量使用，常见的有花纹图案、条纹图案等，使整个墙面显优雅而不复杂，尽显奢华之风。

（5）室内绿化，如盛开的花篮、精致的盆景、匍匐

图4-44　浪漫、现代的新古典风格软装（一）

图4-45　浪漫、现代的新古典风格软装（二）

图4-46　古典、华贵的新古典风格软装（一）

图4-47　古典、华贵的新古典风格软装（二）

图4-48　新古典主义家居软装饰

图4-49　新古典主义家居软装饰特点及配搭

的藤蔓可以增加亲和力，再配以奢华的绫罗绸缎，与古典之美相映成趣。

　　注重线条的搭配及线条与线条的比例关系。一套好的新古典风格的家居作品，更多地取决于配线和材质的选择，如图4-44～图4-49所示。

## 4.8　东南亚风格（Southeast Asia style）

　　东南亚风格是一种以东南亚民族岛屿特色及精致文化品位相结合的设计风格。这种风格的特点是原始自然、色泽鲜艳、崇尚手工。

　　东南亚风格的特征有以下几个方面。

　　（1）在造型上，以对称的木结构为主，电视墙采用芭蕉叶砂岩造型，营造出浓郁的热带风情。

　　（2）在色彩上，以温馨淡雅的中性色彩为主，局部点缀艳丽的红色，自然温馨中不失热情华丽。

（3）在材质上，运用壁纸、实木、硅藻泥等，演绎原始自然的热带风情。

（4）在空间布局上，不同区域各具特色。

玄关处，简单利索的规划，利用宽阔的空间，使视觉舒展放松。将现代化的设备、深木色玻璃装饰墙面、金色的天花、精致的吊灯，搭配得和谐舒适。

客厅设计以大气优雅为主，木制半透明的推拉门与墙面木装饰的装饰造型，以冷静线条分割空间，设计以不矫揉造作的材料营造出豪华感，使人感到既创新独特又似曾相识的生活居所。

主卧室可选用深木色，金色丝制布料结合光线的变化，创造出内敛谦卑的感觉，如图 4 - 50～图 4 - 55 所示。

东南亚风格较适宜面积在 120～139m² 左右的居室空间，多适宜喜欢静谧与雅致、文化修养较高的成功人士。

图 4-50 色彩丰富的东南亚风情软装（一）

图 4-51 色彩丰富的东南亚风情软装（二）

图 4-52　东南亚风格卧室软装（一）

图 4-54　东南亚起居室软装（一）

图 4-53　东南亚风格卧室软装（二）

图 4-55　东南亚起居室软装（二）

# 模块 5　软装实例分析及应用

---

## 本模块教学引导

**【教学目标】**

通过本模块的学习，了解并掌握各个软装类型设计的方法及运用。

**【教学方法】**

运用多媒体教学手段，通过图片、PPT 课件、实际案例的讲解分析作为辅助教学，增加学生对软装类型的认知和了解。

**【教学重点】**

本模块的重点内容是要学生了解软装类型的分析，通过实例培养学生对软装的分析、思考和设计能力。

**【作业要求】**

在本模块的学习中，通过对之前所收集的资料和软装户型，对墙面、地面、顶面等空间进行软装设计。

---

## 5.1　不同空间的软装设计案例

在平面图绘制完成后，如何给平面图中的家具找到合适的风格进行搭配。决定色彩方案、并选择与其相适应的饰物，这其中的技巧是需要我们积累经验才能熟练掌握的。

### 5.1.1　家居空间软装设计

案例一：港式风格的简约与奢华（案例来源：室内设计联盟网 http://www.cool-de.com）

设计师：温旭武

面积：180m²

地点：深圳

项目分析：本案例采用了现代简约风格，黑、白、灰作为空间的主色调，简洁大气。大量镜面材质的应用，使室内的现代感十足，线条明快，富有节奏感。灯光与材质的交互相映，更显空间魅力。本案例采用了最简单的手法，实现一个空间高贵与品味的平衡，简洁的造型、完美的细节，营造出时尚前卫的感觉，如图 5-1～图 5-10 所示。

图 5-1　现代简约风格——卧室（一）

图 5-2　现代简约风格——卧室（二）

图 5-3 现代简约风格——卫生间

图 5-4 现代简约风格——起居室（一）

图 5-5 现代简约风格——起居室（二）

图 5-6 现代简约风格——起居室（三）

图 5-7 现代简约风格——过渡空间

图 5-8 现代简约风格——书房

图 5-9 现代简约风格——厨房

图 5-10 现代简约风格——餐厅

案例二：上海绿地凯旋宫 TownHouse（案例来源：室内设计联盟网 http://www.cool-de.com）

设计师：葛亚曦，李萍

软装设计：LSDCASA

面积：300m²

地点：上海

项目分析：本案例空间的主要色调为黑白与暖咖，巧妙地点缀祖母绿色，材质对比和谐统一。大胆融入了波普元素，使整体空间在现代美式的格调下更显前卫与时尚，再加上精致的家具、温暖的壁炉、典雅的摆设，空间呈现出一种成熟的美，贵气而浪漫，如图 5-11～图 5-20 所示。

图 5-11 上海绿地凯旋宫——起居室（一）

图 5-12  上海绿地凯旋宫——起居室（二）

图 5-13  上海绿地凯旋宫——起居室（三）

图 5-14　上海绿地凯旋宫——起居室（四）

图 5-15　上海绿地凯旋宫——书房

图 5-16　上海绿地凯旋宫——休闲区

图 5-17　上海绿地凯旋官——卧室（一）

图 5-18　上海绿地凯旋官——卧室（二）

图 5-19　上海绿地凯旋官——卧室（三）

图 5-20　上海绿地凯旋官——陈设品

### 5.1.2 办公空间软装设计

案例一：KENNY & C Interior Design 新办公空间（案例来源：室内设计联盟网 http://www.cool-de.com）

设计师：KENNY，CECILIA，IVY

空间面积：100～150m²

空间风格：低调奢华风

空间类型：旧屋翻新

空间地区：北部

空间格局：会议室兼洽谈区、工作区、主管办公室、茶水间

空间建材：KD板、钢刷栓木、刷漆、超耐磨地板

项目分析：Kenny Wu 选择老旧街屋的一楼加以改造，橱窗外以绿化植栽搭配水泥基座垫高水平视线，金属灰色雨遮加强景深、光影的幽邃，入口大门周边的木质肌理则隐喻内部空间的主题。

门厅拥有多层次圆天花板造型，门厅旁即是以玻璃隔开的会议室兼洽谈区，这里也就是从外观所见的橱窗位置。会议室地面铺上刻意斑驳的木质地板，对话背景墙面勾缝精致的燻黑木料质感。往内走是工作区，黑白的沉稳基调，与靠墙的大型书柜相辅相成，三向的工作台面让人眼前一亮。整个办公室的设计，由外而内部起承转合的恰到好处，如图 5-21～图 5-28 所示。

图 5-22 工作区（二）

图 5-23 工作区（三）

图 5-21 工作区（一）

图 5-24 会客区

图 5 - 25 入口区（一）

图 5 - 26 入口区（二）

图 5 - 27 入口区（三）

图 5 - 28 户外

案例二：WAYRA办公空间（案例来源：室内设计联盟网 http：//www.cool-de.com）

设计师：ESTUDIO QA

面积：9456m²

项目建筑师：米格尔·安赫尔，加西亚·阿隆索

项目团队：戴安娜 DO RIO 苏珊娜，托雷·阿里亚斯，亚历杭德拉·奥乔亚，丽贝卡萨拉维亚，安德烈斯·达扎

地点：西班牙马德里

设计时间：2013

摄影：卡洛斯·罗德里格斯

项目分析：WAYRA，克丘亚语的意思是"风"，由西班牙电信集团发起，WAYRA目前覆盖12个国家（德国、阿根廷、巴西、智利、哥伦比亚、西班牙、爱尔兰、墨西哥、秘鲁、英国、捷克和委内瑞拉），已在全球项目征集中收到超过23000个新数字业务提案，跻身世界ICT人才发掘平台前列。在其成立后的两年期间，WAYRA已建成9456m²的WAYRA空间，在拉丁美洲和欧洲12个国家投资了超过300个初创企业。在波哥大、加拉加斯、墨西哥城、利马、布宜诺斯艾利斯、马德里、巴塞罗那、伦敦、圣保罗、圣地亚哥、都柏林、布拉格和慕尼黑，目前有超过170个初创企业在WAYRA学院入驻，如图5-29～图5-38所示。

图 5-29　WAYRA 空间（一）

图 5-30　WAYRA 空间（二）

图 5-31　WAYRA 空间（三）

图 5-32　WAYRA 空间（四）

图 5-33　WAYRA 空间（五）

图 5-34　WAYRA 空间（六）

图 5-35　WAYRA 空间（七）

图 5-36　WAYRA 空间（八）

图 5-37 WAYRA 空间（九）

图 5-38 WAYRA 空间（十）

### 5.1.3 会所软装设计

案例一：广西北海天隆三千海高尔夫会所（案例来源：马蹄网 http：//www. mt-bbs. com）

主设计师：邱春瑞

设计单位：台湾大易国际设计事业有限公司·邱春瑞设计师事务所

面积：9600m²

地点：广西壮族自治区北海市银海区海景大道

开发商：北海天隆房地产开发有限公司

空间性质：会所

主要用材：海浪灰、意大利木纹、古木纹、鱼肚白、黑伦金、雨林绿、亚洲米黄、金香玉、黑金砂、深啡网、铁艺、银镜、马赛克、木饰面板、实木地板、塑木地板，等等。

项目分析：本案以现代欧式风格为主体，新中式元素和古典欧式元素在其中适当穿插点缀，加强了整体空间的设计感，并体现其对不同风格的包容，满足了不同会员的需求。墙壁和地面所采用的装饰材料丰富多样，根据不同空间的表现需要而定，石材、木材、地毯一应俱全，图案呈多元化形式，丰富了空间的视觉内容。

在软装饰上，设计师选用了大量考究高档的物品，以少而精的方式出现于空间中，这样既避免了过多繁琐的东西导致人眼花缭乱，也体现出空间本身的高品位和不拘一格。此外，此会所大部分的墙壁都用石材来装饰，石材上的天然纹理，有的如大山般尽显磅礴之气，有的与室内的各种线条遥相呼应，大大提升了室内的空间感，让整个会所显得奢华大气，如图 5-39～图 5-54 所示。

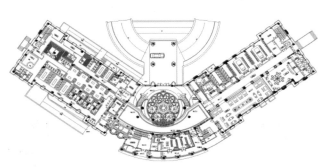

图 5-39 首层平面图

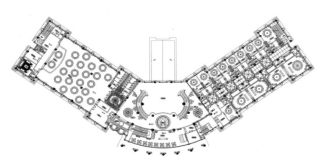

图 5-40 二层平面图

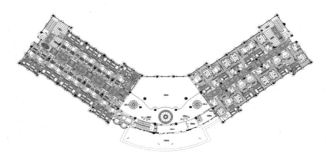

图 5-41 三层平面图

图 5-42　总体效果图

图 5-43　北海高尔夫会所（一）

图 5-44　北海高尔夫会所（二）

图 5-45　北海高尔夫会所（三）

图 5-46　北海高尔夫会所（四）

图 5-47 北海高尔夫会所（五）

图 5-48 北海高尔夫会所（六）

图 5-49 北海高尔夫会所（七）

图 5-50 北海高尔夫会所（八）

图 5-51 北海高尔夫会所（九）

图 5-52 北海高尔夫会所（十）

图 5-53　北海高尔夫会所（十一）

案例二：北京御汤山东区会所（案例来源：马蹄网 http://www.mt-bbs.com）

设计师：吴文粒，陆伟英

设计单位：深圳市盘石室内设计有限公司/吴文粒设计师事务所

地点：北京

空间性质：会所

设计时间：2012.7

项目分析：本案将中西风格结合，同时融入异域情调和现代风，多种风格多种方式不同文化的融合，各有风味，隽雅永恒。选材讲究，建筑造型精美，色彩、灯光、家具的搭配，营造了温馨、豪华、优雅的氛围。如图 5-55～图 5-70 所示。

图 5-55　御汤会所（一）

图 5-56　御汤会所（二）

图 5-54　北海高尔夫会所（十二）

图 5-57 御汤会所（三）

图 5-58 御汤会所（四）

图 5-59 御汤会所（五）

图 5-60 御汤会所（六）

图 5－61　御汤会所（七）

图 5－62　御汤会所（八）

图 5－63　御汤会所（九）

图 5－64　御汤会所（十）

图 5-65 御汤会所（十一）

图 5-66 御汤会所（十二）

图 5-67 御汤会所（十三）

图 5-68　御汤会所（十四）

图 5-69　御汤会所（十五）

图 5-70　御汤会所（十六）

### 5.1.4　售楼处软装设计

案例一：毕路德天洋北花园售楼处（案例来源：马蹄网 http://www.mt-bbs.com）

主设计师：刘红蕾，DAVID，胡家艺

地点：北京

奖项名称：美国 INTERIOR DESIGN "Best of Year Awards 2012" Showroom 单元格　设计大奖

设计公司：BLVD

设计时间：2012

项目分析：这是设计师们首次参加美国 INTER

DESIGN 杂志 Best of Year 年度最佳评选，与来自世界各地送选的超 25000 件作品进行该奖项有史以来最激烈的角逐；同时获奖的有当今全球最优秀的明星事务所，如 Zaha Hadid，Yabu Pushelberg 等；如 Gensler，HBA，Wilson 等大型设计公司均有参与评选和颁奖。

毕路德选送的天洋北花园销售中心在 Showroom 竞赛单元 500 份参赛作品中脱颖而出，一举夺得大奖。同时毕路德也成为在 Best of Year Awards 2012 有所斩获的四家亚洲公司之一，如图 5-71～图 5-80 所示。

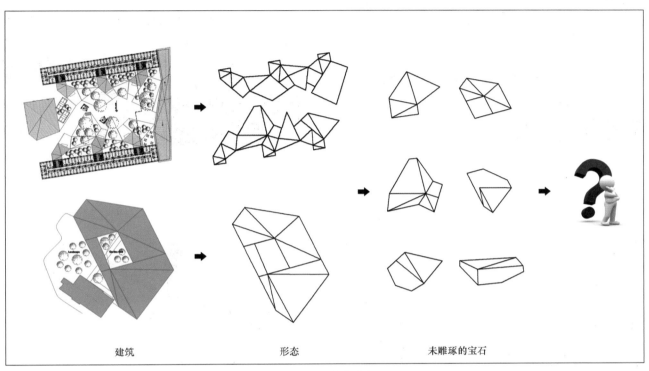

建筑　　　　　　　　　形态　　　　　　　未雕琢的宝石

图 5 - 71　建筑分析

灯光　　　　　　　质感　　　　　　　形态　　　　　　　肌理　　　　　　　色彩

图 5 - 72　室内方向定位

图 5-73　天洋北销售中心（一）

图 5-74　天洋北销售中心（二）

图 5-75　天洋北销售中心（三）

图 5-76　天洋北销售中心（四）

图 5-77　天洋北销售中心（五）

图 5-78　天洋北销售中心（六）

图 5-79 天洋北销售中心（七）

图 5-80 天洋北销售中心（八）

案例二：深圳中信岸芷汀兰售楼处（案例来源：马蹄网 http://www.mt-bbs.com）

设计师：邱春瑞

设计公司：台湾大易国际设计事业有限公司·邱春瑞设计师事务所

面积：496m²

地点：深圳市科技园南区滨海大道与科技南路交汇处

项目类型：销售中心、展示中心

项目建材：水墨玉、饰面板、皮革、环氧树脂

项目分析：此项目空间作为一个楼盘的营销中心，一层原是架空层，与二层高差6m，一层主要为楼盘影音展示区和销售接洽，消费者在一层就已把所有的楼盘信息作了全方位了解，到达二层必须经过6m高的楼梯动线，为减少消费者在到达二层这个过程中所产生的单调和逆反心理，设计师把楼梯和影音区完美结合。在上楼梯的过程中结合楼盘影音信息渲染，增加人物的娱乐性和楼上楼下空间的互动性。

售楼处锈迹斑斑的大门，沧桑厚实。模型台下的黄光在水墨玉地面的映衬下透露出丝丝暖意，外加用传统中式元素融合演变而拼凑合成的窗花和窗外绿意盎然的植物景观，倒映于波纹跳动的水墨玉地面，仿如"风乍起，吹皱一池春水"。影音区投影载体面远看无数黑白相间的小格，其实由无数个形态各异的紫砂壶点缀而成，与采用低度照明仿如会所般温馨的二楼签约区上演的茶道表演相互呼应，气氛和谐，如图5-81～图5-93所示。

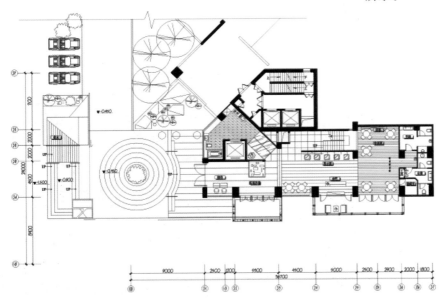

图 5-81 首层平面图

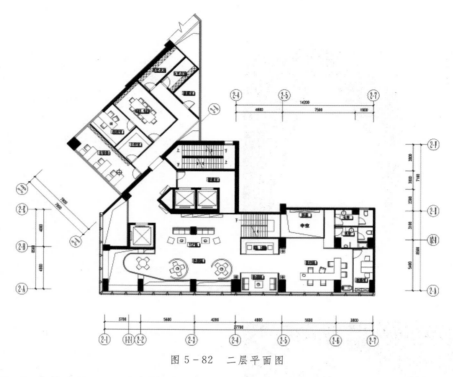

图 5-82　二层平面图

图 5-83　深圳芷汀兰售楼处（一）

图 5-84　深圳芷汀兰售楼处（二）

图 5-85　深圳芷汀兰售楼处（三）

图 5-86　深圳芷汀兰售楼处（四）

图 5-87　深圳芷汀兰售楼处（五）

图 5-88　深圳芷汀兰售楼处（六）

图 5-89 深圳芷汀兰售楼处（七）

图 5-90 深圳芷汀兰售楼处（八）

图 5-91 深圳芷汀兰售楼处（九）

图 5-92 深圳芷汀兰售楼处（十）

图 5-93 深圳芷汀兰售楼处（十一）

案例三：长沙总部基地售楼部项目软装方案（案例来源：室内设计联盟网 http://www.cool-de.com）

本案充分融入长沙这座"山水洲城"的人文气质，以山、水自然元素为原型，延伸至以多边形及块面为基础的简约时尚的现代风格，与这座城市的文化特质充分结合。相较于单纯的现代简约风格，本案例更力求表现出千年古城的人文内涵，同时利用后现代的建筑手法，对简洁的空间光影进行精致裁剪，让室外的山水如画，同室内的人文氛围相映成趣，在室内氛围营造方面，通过现代、中式、简约相结合的创意手法，为设计增添跃动的时尚格调，打造出独具品位的现代人文大盘气质，如图 5-94～图 5-108 所示。

图 5-94 封面

**长沙总部基地售楼部 软装陈设设计方案**

## 项目背景分析：

长沙总部基地坐落于长株潭两型社会实验区的核心区域，南临万家丽南路、东接金井路、北靠振华路、西抵长沙理工学院云塘校区，项目用地横跨长沙县暮云镇和雨花区湖南环保工业园两个行政区划。项目总占地规模372亩，总建筑面积约58万平方米，容积2.5建筑密度小于30%，绿化率高于42%。

图 5-95　项目背景分析

---

**长沙总部基地售楼部 软装陈设设计方案**

### 色彩参考：

大空间对色彩把控度的要求极高，大理石色彩选择与机理变化需要稳重求变，要有层次的递进关系。出现的颜色以色块的形式分布如下。

图 5-96　色彩参考

---

**长沙总部基地售楼部 软装陈设设计方案**

| 主　题 |
| 风　格 |
| 关键词 |

本案充分融入长沙这座"山水洲城"的人文气质，以山，水自然元素为原型，延伸至以多边形及块面为基础的简约时尚的现代风格，与这座城市的文化特质充分结合。相较于单纯的现代简约风格，更富于千年古城的人文内涵。同时利用后现代的建筑手法，对简洁的空间光影进行精致裁剪，让室外的山水如画，同室内的人文氛围相映成趣，在室内氛围营造方面，通过现代、中式、简约的创意手法，为设计增添跃动的时尚格调，打造出独具品味的现代人文大盘气质。

图 5-97　设计定位

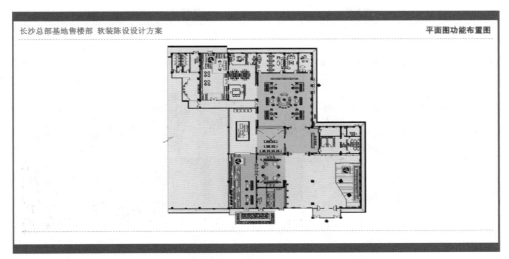

图 5-98 功能分区图

图 5-99 大堂区软装配饰

图 5-100 休息等候区软装配饰

图 5-101　接待区软装配饰

图 5-102　洽谈区效果图

图 5-103　洽谈区软装配饰

图 5-104　户外区域软装配饰

图 5-105　公开办公区软装配饰

图 5-106　休憩会客厅软装配饰

长沙总部基地售楼部 软装陈设设计方案
会议室软装配饰图

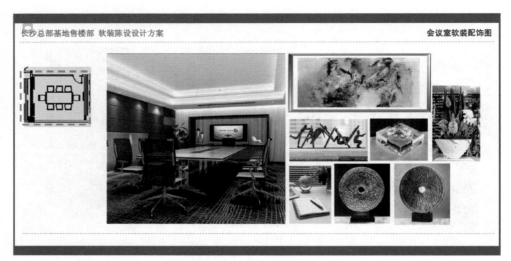

图 5-107　会议室软装配饰

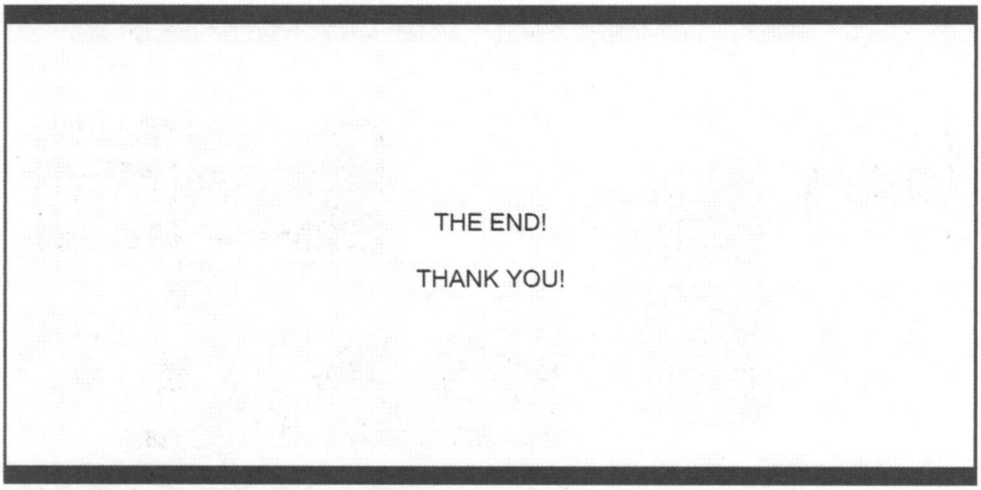

THE END!
THANK YOU!

图 5-108　封底

### 5.1.5　样板房软装设计

案例一：山东曲阜香格里拉酒店（案例来源：马蹄网 http://www.mt-bbs.com）

主设计师：华玮，宋卫华

设计公司：HASSELL

地点：曲阜

设计时间：2012

设计方案，如图 5-109～图 5-119 所示。

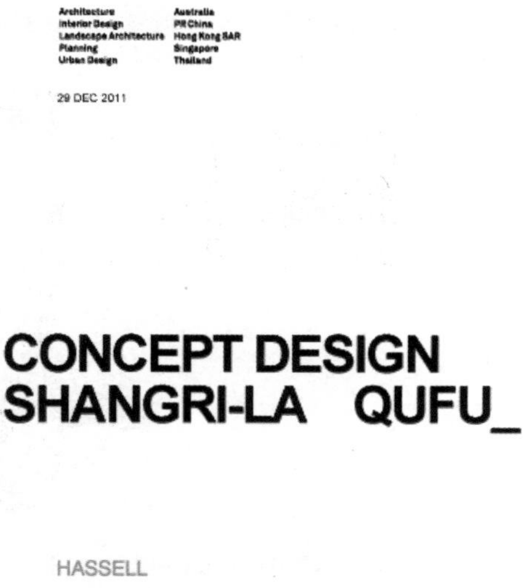

Architecture
Interior Design
Landscape Architecture
Planning
Urban Design
Australia
PR China
Hong Kong SAR
Singapore
Thailand
29 DEC 2011
CONCEPT DESIGN
SHANGRI-LA QUFU_
HASSELL

图 5-109　封皮

02___Concept
　　Typical Guestroom --- Propriety

图 5-110　标准客房设计理念

02___**Concept**
　　Public Area

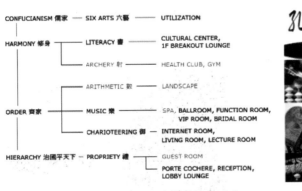

图 5-111　公共区设计理念

02___**Concept**
　　Typical Guestroom

**孔子论 "礼"** Kung's 'Rite' philosophy

•于道德: 为君子长幼之礼 ---- "是以君子恭敬撙节,退让以明礼"
Morality: old & young- the superior man is respectful and reverent, assiduous in his duties and not going beyond them, retiring and yielding - thus illustrating (the principle of) propriety

•于政治: 为君臣之礼 ---- "君臣、上下、父子、兄弟,非礼不定"
Politics: minister-relationship- nor can (the duties between) ruler and minister, high and low, father and son, elder brother and younger, be determined

•于宗教: 为天人之礼 ---- "祷祠、祭祀、供给鬼神,非礼不诚不庄"
Religion: god-relation- nor can there be the (proper) sincerity and gravity in presenting the offerings to spiritual Beings on occasions of supplication, thanksgiving, and the various sacrifices.

**礼 PROPERITY**

• 君子之礼 --- Garden Wing
• 君臣之礼 --- Horizon Wing
• 天人之礼 --- Presidential Suite & Horizon Lounge

图 5-112　设计理念——礼

**Garden Wing** --- 君子之礼 NOBLE & MORALITY

**花中君子 --- 莲Lotus --- "出淤泥而不染，濯清涟而不妖"**

图 5-113  设计理念——君子之礼

*Key Feature Panel Concept ---* **Traditional Embroidered Lotus on Silk**

图 5-114  传统莲花刺绣

*Key Feature Panel Treatment ---* **Traditional Embroidery Combine with Ink-painting**

图 5-115  传统刺绣结合水墨（一）

*Indicative Key Feature Panel Treatment in detail workmanship*
*--- Traditional Embroidery Combine with Ink-painting*

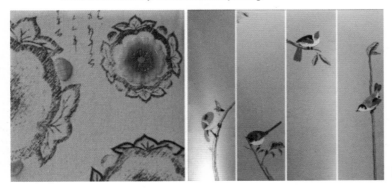

图 5-116　传统刺绣结合水墨（二）

图 5-117　设计要素

图 5-118　实景效果（一）

图 5-119　实景效果（二）

案例二：广东佛山桂丹颐景园高层样板房（案例来源：马蹄网 http：//www.mt-bbs.com）

设计师：刘海涛

设计公司：SDD 上达国际

面积：90m²

地点：佛山

户型风格：英式田园风格

设计公司：SDD 上达国际

设计时间：2012.12

完工时间：2013.8

设计方案，如图 5-120～图 5-127 所示。

图 5-120　颐景园样板房（一）

图 5-121　颐景园样板房（二）

图 5-122　颐景园样板房（三）

图 5-123　颐景园样板房（四）

图 5-124　颐景园样板房（五）

图 5-125　颐景园样板房（六）

图 5-126　颐景园样板房（七）

图 5-127　颐景园样板房（八）

### 5.1.6 展示空间软装设计

案例一：OCT 创意展示中心设计（案例来源：马蹄网 http://www.mt-bbs.com）

设计公司：朱锫建筑设计咨询公司＋中建国际（深圳）顾问有限公司

地点：深圳湾欢乐海岸

项目分析：OCT 创意展示中心坐落于深圳湾欢乐海岸购物中心东北角的创意广场，建筑面积约 4000m²，是深圳首家大型商业文化创意展示中心。中国新锐建筑师朱锫设计，其建筑灵感来自于象征海洋的水滴和卵石，自然圆润的外形、流动的空间设计和有机可变的肌理，整体散发出简约现代和自然流动的气质，充分传达绿色建筑概念和低碳生活的全新理念。创展中心采用国际领先的压力感应照明系统，可根据游人的增减而自动明暗变化，营造出迥异截然的昼夜效果，在实践节能环保目标的同时，使建筑具有了应激性和生命力，使之成为欢乐海岸上一颗璀璨亮丽的明珠。依托华侨城品牌优势和文化艺术资源，创展中心选择与自身业态高度关联的商业文化主题和先锋创意文化活动作为核心展示内容。这不仅弥补了深圳大型高端主题商业没有配套展示功能的欠缺，而且还将艺术文化和商业活动巧妙结合，通过每年定期举办文博会分会场主题展、国际时装发布会、品牌车展、数码新品展和先锋艺术年度展等活动，将创展中心打造成商业品牌展示和时尚潮流汇聚的艺术文化和商业展示 T 台，成为深圳举办国际品牌发布、高端艺术文化交流、商业文化展示等活动的不二之选，如图 5-128～图 5-141 所示。

图 5-129　入口效果

图 5-130　OCT 创意展示中心（一）

图 5-128　实景效果

图 5-131　OCT 创意展示中心（二）

图 5-132　OCT 创意展示中心 （三）

图 5-133　OCT 创意展示中心 （四）

图 5-134　OCT 创意展示中心 （五）

图 5-135　OCT 创意展示中心 （六）

图 5-136　OCT 创意展示中心 （七）

图 5-137　OCT 创意展示中心（八）

图 5-138　OCT 创意展示中心（九）

图 5-139　OCT 创意展示中心（十）

图 5-140　OCT 创意展示中心（十一）

图 5-141　OCT 创意展示中心（十二）

案例二：美国商店空间展示设计

设计方案，如图5-142～图5-159所示。

图5-142　美国商店空间展示设计（一）

图5-143　美国商店空间展示设计（二）

图5-144　美国商店空间展示设计（三）

图5-145　美国商店空间展示设计（四）

图 5-146　美国商店空间展示设计（五）

图 5-147　美国商店空间展示设计（六）

图 5-148　美国商店空间展示设计（七）

图 5-149　美国商店空间展示设计（八）

图 5-150 美国商店空间展示设计（九）

图 5-151 美国商店空间展示设计（十）

图 5-152 美国商店空间展示设计（十一）

图 5-153 美国商店空间展示设计（十二）

图 5-154　美国商店空间展示设计（十三）　　　　　图 5-155　美国商店空间展示设计（十四）

图 5-157　美国商店空间展示设计（十六）

图 5-156　美国商店空间展示设计（十五）

图 5-158　美国商店空间展示设计（十七）

图 5-159　美国商店空间展示设计（十八）

# 模块 6　软装设计工作流程

---

## 本 模 块 教 学 引 导

【教学目标】

通过本模块的学习，了解和掌握软装设计的工作流程，并熟悉与客户的沟通技巧，同时了解并掌握硬装的空间及对应的软装种属。

【教学方法】

运用多媒体教学手段，通过图片、PPT 课件、实际案例的讲解分析作为辅助教学，增加学生对软装设计工作流程的认知和了解。

【教学重点】

本模块的重点内容是要使学生了解软装设计方案的构建及制作流程。培养学生对硬装空间的认识和对软装种属的分析、思考和设计能力。

【作业要求】

在本模块的学习及通过对之前所收集的资料和软装户型，综合应用软装设计的工作流程，设计一套软装设计，选择适合的硬装空间进行一套软装设计。

---

## 6.1　软装设计市场的工作流程

### 1. 首次空间测量

在进行设计之前，软装设计师们应上门观察房子，了解硬装基础，测量空间的尺度，并给房屋的各个角落拍照，收集硬装节点，绘出室内基本的平面图和立面图。

具体流程如下。

（1）了解空间尺度，硬装基础。

（2）测量尺寸，出平面图，立面图。

（3）拍照。

1）平行透视（大场景）。

2）成角透视（小场景）。

3）节点（重点局部）。

要点：测量是硬装后测量，在构思配饰产品时对空间尺寸要把握准确。

### 2. 了解业主的生活方式和确定室内的风格、色彩等元素

软装设计师需要与业主进行沟通，通过业主的生活动向、生活习惯、文化喜好、宗教禁忌等各个方面了解业主的生活方式，捕捉业主深层的需求点，详细观察并了解硬装现场的色彩关系及色调，控制软装设计方案的整体色彩。同时，在室内风格的定位上会以业主的需求为主，在尊重硬装风格的基础上，结合原有的硬装风格，为硬装作弥补，使硬装能与后期的软装配饰色彩和风格做到既统一又有变化，设计出令业主满意并且符合业主的生活要求的软装设计方案。

流程：要就以下 4 个方面与业主沟通，努力捕捉业主深层的需求点。

（1）空间流线（生活动线）——人体工程学，尺度。

（2）生活习惯。

（3）文化喜好。

（4）宗教禁忌。

要点：空间流线是平面布局（家具摆放）关键主要体现在以下几个方面。

（1）为确定空间的活动范围提供依据。

（2）为家具设计提供依据。

（3）为确定人的感觉器官适应力提供依据。

### 3. 软装设计方案初步构思

软装设计师会综合以上4个环节进行平面草图的初步布局，把拍照元素进行归纳分析，初步选择软装配饰产品。

软装设计师综合以上4个环节进行对平面草图的初步布局，把拍照元素进行归纳分析，根据初步的软装设计方案中风格、色彩、质感和灯光等，选择适合房屋的灯饰，饰品，画品，花品，日用品等一系列软装配饰产品。

要点：首次测量的准确性对初步构思起着关键作用。

### 4. 二次空间测量

在软装设计方案初步成型后，软装设计师带着基本的构思框架到现场，对室内环境和软装设计方案初稿反复考量，反复感受现场的合理性，对细部进行纠正，并全面核实产品尺寸，尤其是家具，要从长宽高全面核实，反复感受现场的合理性。

要点：本环节是配饰方案的实操关键环节。

### 5. 方案制定

在软装设计方案与业主达到初步认可的基础上，通过对于产品的调整，明确在本方案中各项软装配饰产品的价格及组合效果，按照配饰设计流程进行方案制作，**出台正式的软装整体配饰设计方案。**

要点：初步接触软装设计的设计师，最好做2～3套方案，使业主有所选则，同时，注意产品的比重关系（家具60%，布艺20%，其他均分20%）。

### 6. 初步软装设计方案的讲解

为业主系统全面的介绍正式的软装设计方案，并在介绍过程中不断反馈业主的意见，征求所有家庭成员的意见，以便下一步对方案进行归纳和修改。

要点：好的方案仅占30～40分，另外的60～70分要取决于设计师的有效表达，在介绍方案前要认真准备，精心安排。

### 7. 软装设计方案的修改

在与业主进行完方案讲解后，深入分析业主对方案的理解，让业主了解软装设计方案的设计意图。同时，软装设计师也会针对业主反馈的意见对方案进行调整，包括色彩调整、风格调整，配饰元素调整与价格调整。

要点：业主对方案的调整有时与专业的设计师有区别，需要设计师认真分析业主理解度，这样方案的调整才能有针对性。

### 8. 确定软装配饰的产品

与业主签订采买合同之前，先与配饰产品厂商核定产品的价格及存货，再与业主确定配饰产品，按照配饰方案中的列表逐一确认，家具品牌产品，先带业主进行样品确定定制产品，设计师要向厂家索要CAD图并配在方案中。

要点：本环节是配饰项目的关键，为后面的采买合同提供依据。

### 9. 签订采买合同

软装公司会与业主签订合同，尤其是定制家具部分，确定定制的价格和时间。确保厂家制作、发货的时间和到货时间，以便不会影响进行室内软装设计时间。

要点：有以下3点需要注意。

1）与业主签订合同，尤其是定制家具部分，要在厂家确保发货的时间基础上再加15天。

2）与家具厂商签订合同中加上家具生产完成后要进行初步验收。

3）设计师要在家具未上漆之前亲自到工厂验货，对材质，工艺进行把关。

### 10. 进场前产品复查和进场时安装摆放

在家具即将出厂或送到现场时，设计师要再次对现场空间进行复尺，已经确定的家具和布艺等尺寸在现场进行核定。产品到场时，软装设计师会亲自参与摆放，对于软装整体配饰里所有元素的组合摆放会充分考虑到元素之间的关系以及业主生活的习惯，来具体摆放家具、布艺、画品、饰品等软装饰。

流程：作为软装配饰设计师，产品的实际摆放能力同样重要。一般会按照软装材料—家具—布艺—画品—饰品等的顺序进行调整摆放。每次产品到场，都要设计师亲自参与摆放。

要点：软装配饰不是元素的堆砌，而是生活品质的提高。配饰元素的组合摆放要充分考虑到元素之间的关系以及主人生活的习惯。

### 11. 完善饰后服务

软装配置完成后，软装公司会为业主室内的软装整体配饰进行保洁、回访跟踪、保修勘察及送修。

## 6.2 熟悉与业主的沟通技巧

### 1. 设计师应具备的基本素质

（1）设计师的自身形象是非常重要的。

（2）设计师都要学会自我推荐。

（3）业主所需要的就是能力强、有责任心、自身素质较高的优秀设计师。

（4）避免衣着不整，缺乏精神，同时也要避免浑身上下珠光宝气，化妆过重所给业主带来的第一印象欠佳，失去设计师本身应有的气质及形象。

（5）男设计师最好穿西装和衬衣，领口、袖口一定要清洁、平整，领带以中性颜色为好，不要太花或太暗。

（6）女设计师不要打扮的太花哨，不要浓妆艳抹，不要戴过多的首饰、要表现出高雅大方的职业女性气质。

（7）语言运用是很重要的，在与业主的交谈中，运用热情和充满自信的语言，这需要设计师精神饱满地去对待每一个业主。

（8）抑扬顿挫的表达方式会增加设计师所表达内容的说服力，因此在与业主交谈中需要声音洪亮，避免口头禅，避免语速过慢，避免口齿不清。中国有句老话"礼多人不怪"。一个设计师的形象除了应注意服饰和语气，更应注意自身的修养，礼貌的行为会促成交易的成功。

（9）交谈中要让业主充分表达他的想法，善于聆听业主的谈话，有助于你了解更多的信息，真实想法，亦有助于建立与业主的相互信任。

（10）交谈中应以轻松自如的心态进行表达，过于紧张会不能更好地表达建设性意见，同时也会削弱你的说服力。

### 2. 设计师的性格

（1）积极的人生态度。

设计师比谁都应具有积极的人生态度，坦然地面对成就及挫折与失败。因挫折而消沉的人很难获得成功，视失败为宝贵经验积极总结，愈挫愈勇地向成功口标挑战的品质才是一个优秀设计师应具备的。

（2）持久力。

对一些有发展潜力的业主多次反复拜访也是达成目标的手段之一。我们能在每次拜访中不断获得业主的真实需求，然后有针对性的接待再访，一定能减轻对方的排斥心理，有耐心地接待三四次，或许业主已在盘算与你合作了。为了避免功败垂成培养持久力是非常重要的。

### 3. 圆润的态度

一个优秀的设计师不仅是辩论家，而且是一位能推心置腹地探求出业主需求，并加以恰当应对的高手。在与业主交谈中，我们是希望对方了解我们的观点，告诉业主我们了解他的需求，并能够给予满足。并不是与业主较真，希望业主赞同我们的观点，最后不与我们合作。所以圆滑的态度是必需的，当然我们也绝不提倡没有原则一味的顺从业主，而是基于对业主了解，尊重的基础上顾全大局的处事方法，基础是尊重，真实而非虚伪的。

（1）可信性。

设计师常常面临业主左右徘徊的两可局面。对业主而言，若要其接受一家新的公司，这就要求设计师能够从各方面配合并发挥专长。业主乐于接受一个设计师是对他的信任，要求设计师必须要有令业主信任的行动，双方之间不仅只是暂时的交易关系。这样才能使业主乐于为你做活广告，带来更多的回头客源。

（2）善解人意。

口若悬河的人不一定能成为优秀设计师，因为这样的人往往沉醉于自己的辩才与思想中，而忽略了业主的真实需求。优秀的设计师会不断探询业主的需求，以细腻的感受力和同情心，判断业主的真实需求并加以满足最终成交。

（3）想象力。

优秀的设计师还应具备描述公司前景的能力。富于想象力的陈述，不仅能消除业主的排斥心理，而且还能给自己带来满足感和自信心，增强说服力以促进交易的成功。

**4．设计师应具备的基本肢体语言**

眼睛平视对方，眼光停留在对方的眼眉部位，距离距对方一肘的距离，手自然下垂或拿资料，挺胸直立，平稳地坐在椅上，双腿合拢，上身稍前。

**5．设计师应克服的缺点**

（1）言谈侧重道理。

有些设计师习惯于书面化，理性化的论述。会使业主感觉其建议可操作性不强，达成口标的努力太过艰难，因此常会拒绝合作或拒绝建议。

（2）语气蛮横。

这会破坏轻松自如的交流气氛，增强业主反感心理，会使合理建议不能付诸讨论。

（3）喜欢随时反驳。

如果设计师不断打断业主谈话，并对每一个异议都进行反驳，会使自己失去一个在短时间内发现真正异议的机会，而这种反驳不附带有建议性提案时，反驳仅仅是一时的痛快，易导致业主恼羞成怒中断谈话，这对于双方都是非常不利的。

（4）谈话无重点。

如果你的谈话重点不实际，业主无法察觉或难以察觉你的要求，就无从谈起。所以，谈话时围绕重点进行陈述可以帮助你成功。

（5）言不由衷的恭维。

对待业主我们要坦诚相待，由衷的赞同他们对于市场的正确判断。若为求得签单而进行华而不实的恭维，会降低设计师及公司的信誉度，亦会在日后承担由此带来的后果。

**6．业主群体和消费心理**

（1）业主类型。

1）分析型、理智型的消费者。此类消费者在选择公司时通常比较理性，会从多方面权衡，综合各种因素，往往会咨询很多公司，对价格，质量，服务及自身承受能力等全面考虑，然后才决定是否与你合作。

2）自主型、控制型消费者。此类消费者思维方式，行为习惯，喜好等都比较固定，很有主见，通常对外界影响不太在意，如对你的公司有兴趣，一般不会跑掉。

3）表现型、冲动型的消费者。此类消费者通常喜欢新奇，高档的东西，不惜花重金，以显示自己的地位。

4）亲善型、犹豫型的消费者。此类消费者没有主见，有时甚至不了解自己的需要，行动起来犹豫不决，举棋不定，反复无常。

（2）消费层次。

1）对于分析型、理智型的消费者。通常工薪阶层的居多，此类消费者既要好的质量。服务，又要低的价位。我们就要突出公司的优势，帮助他们分析自己的情况，分析本公司的优势，消除其顾虑。

2）对于自主型、控制型的消费者。此类消费者的喜好比较固定，通常对设计有独特的需求，或较高的审美要求。洽谈时需将其要求巧妙地结合起来，这些人通常在某一方面很专业，如：艺术方面、建筑方面等。

3）对于表现型、冲动型的消费者。此类消费者一般要求比较随便，问的比较少，不愿表现出一无所知，可以采取夸张、刺激等方式突出我公司与众不同，来刺激其追求新奇高档的欲望，引导消费完成交易。

4）对于亲善型、犹豫型的消费者。对于此类消费者，可以在宣传公司的特色的同时，了解他们不了解的需求，通过公司的横向比较，想其所想不到的，让他看清与我们合作的价值所在，利益所在，做他的助手。

（3）影响与业主合作的因素。

1）价格、质量、服务、企业知名度。

2）消费者心理：喜好、收入。

3）社会因素：家庭成员、亲密的朋友、同事、邻居等。

（4）整个交易过程以及在每个环境中所要注意的事项。

1）完成一次交易的过程，业主拜访，谈判前的准备，处理谈判过程中的异议，完成交易后的后期服务。

2）电话应答技巧（咨询或反馈）。礼貌用语、语气、语调、语速、仔细聆听，回答要肯定，不确定的事项回答要富有弹性。

3）初次接触的咨询和沟通，设计师应具备一些谈判知识。首先要了解自己的公司状况，相关的部门，其次是对自己公司的特点，发展目标，工艺过程及其给业主带来的好处，对配饰行业专业知识的掌握，以及同行公司的运作情况的把握。明确自己公司在同行业中的地位，整个市场对自己公司的接受程度有多大，自己公司的主要对手是谁，双方的优劣势各在何处等。交易对象的调查尽可能详细的了解业主的自然状况，如姓名、年龄、婚否、职业、爱好、背景、经济状况、家庭状况，并了解其家庭成员的喜好、行为习惯，尽可能的设想谈判过程中所能遇到的各种问题并找到答案。

**7. 面对面的谈判**

（1）克服沟通障碍及有效沟通技巧。

做好细致全面的谈判前准备，见机行事，以适当的话题开始，客观地了解业主的需要，避免自作主张的主观判断。选够交易理由及强调选择我公司是物有所值，避免无口的介绍。争取业主的认同，要诚实可靠，避免夸张的资料虚报。表现出兴趣和热诚，避免不在乎。提出带有启发性的问题，掌握主动，提供多个选择。

（2）谈判技巧。

知己（公司及自身的分析和理解）。

知彼（业主的行为分析动机）。

找出双方的关系程度（需要和隐藏的事项，建立双赢的局面）。

（3）谈判前准备的八个过程。

订立大目标，准备应变方法；提出带有启发性的问题，深入了解真相；掌握主动，将顾客的问题变成自己的问题；介绍利益，应付反对；建立弹性空间，达成协议。

**8. 谈判情景的把握**

开场白因情景而定，忌生搬硬套，对顾客的询问不厌其烦，宣传要适度，不夸大其词，注意对方的表情、语言、形体语言等信号。了解业主的心理，对己确立的原则，回答要坚决肯定。谈判过程中适时加入一些拉近

个人感情的话题，善于给自己创造机会，把握机会，完成交易。控制进退不死缠烂打，为下次谈话留有余地。

**9. 异议处理**

异议是业主因某种原因，而对设计方案或公司的制度，价格，提出反对。不代表业主将不与我们合作，而只是表示尚有些顾虑，想法和事情还未满意。处理异议主要有两种方法。

（1）减少异议发生的机会。

在谈判过程中客观的了解业主的需要，提供多个选择，着重强调物有所值，以自己表现出来的诚实可靠及热诚，争取得到业主的接纳，避免异议的发生。

（2）有效的处理发生的异议。

1）处理异议的态度：情绪轻松，不可激动，态度真诚，注意聆听，重述问题，谨慎回答，保持亲善，尊重业主，灵活应付。

2）处理异议的方法列举。

a. 质问法：对业主的异议，可直接用为什么来问其理由。

b. 对……但是：接受对方的反对，然后转变为反击。

c. 举例法：对业主的异议，引用实例予以说明以解除忧虑。

d. 充耳不闻法：不完全把对方的话当真而是转移话题。

e. 资料转移法：将顾客的注意力引到资料及其他销售工具方面来。

f. 否定法：对顾客所讲的话予以否定。

g. 回音法：如同回音一样将乙方的话在重复一次。

h. 报价价格：强调报价与其他公司不同，真正物有所值，正是对方所需要的。

i. 报价的竞争对手：强调自己公司报价的准确性，非其他公司所能比。

j. 满意的质量与后期服务：强调公司的承诺，及其给业主带来得全新感受和好处。

k. 受到优惠的约束告诉业主我公司的优惠政策。

l. 如果业主表示没听说自己的公司，则需要告诉业主自己公司的势力规模，强调公司的知名度只是业主没注意到。

m. 坚持自己的意见设计师应表现出谦虚的态度，并赞扬对方的见解与成就，然后循序渐进阐述自己的意见以达到谈判成功的目的。

n. 留待下次：设计师可请业主再加考虑，并约定时间再谈，或可坦诚相问，其失败之处何在？不能使业主满意之处何在？有时反而获得意想不到的成功。

o. 已决定不再合作：以非常遗憾的语气希望对方能够再次考虑着重强调自己公司给业主带来的好处，以后有恰当的时机再加以合作。

p. 挖掘新业主：如果业主不想与自己公司合作，但也可以通过该业主挖掘新的客户，客户介绍客户的渠道，也是一个成功的秘诀。

**10. 完成交易**

谈判成功信号的把握。所有的谈判都是以成交为准的，设计师应该注意对业主反应信号的把握，及时成交。

（1）当设计师将方案的细节，报价等情况详细说明后，如果你看到业主突然将眼光集中，表现出认真的神态或沉默的时候，设计师要及时询问成交。

（2）听完介绍后，业主本来放松的突然变得紧张或由紧张的神情变成放松的，说明业主已准备成交。

（3）当业主听完介绍后，业主会彼此对望，通过眼神来交换看法。表现出向他人征求意见的神情时，应不失时机的终结成交。

（4）当介绍结束后，业主会把前倾的身体紧靠椅背，轻轻地吐出一口气，眼睛盯着桌上的文件时，这时设计师应及时成交。

（5）当你在介绍过程中，发现业主表现出神经质的举止，如手抓头发，嘴唇，面色微红，坐立不安时，说明业主内心的斗争在激烈的进行设计师应把业主忧虑的事情明白的说出来，那么成交也就不远了。

（6）当业主靠坐在椅上，左顾右盼，突然双眼直视你的话，那表明一直犹豫不决的人下了决心。

（7）当设计师在介绍过程中，业主反询问细节问题并翻阅资料时开始计算费用，离交易成功就不远。

（8）当设计师在介绍过程中，业主有类似儿童般的兴奋反应或者频频点头表示业主已决定成交了。

（9）如果以前口若悬河的业主，开始询问一些相关的问题并积极讨论，则表示业主有成交得意向了。

（10）如一位专心聆听寡言少语的业主询问付款的问题，表明业主有成交的意向了。

（11）如果客户低垂眼睑，表现困惑的神态，设计师应多一些细节介绍和示范即会达成交易。

（12）在设计师介绍完成后，业主意外地拉把椅子过来。或喝你为他准备的水时，也表明业主准备成交了。

（13）当业主从语言上，想确立价格和付款方法，询问公司的服务和其他公司相比较并认真谈到钱的话题时，说也："暂时不可能"但仍询问要点等情况时，即可和业主谈成交的问题。

**11. 有碍成交的言行举止**

（1）惊惶失措。

成交即将到来时，设计师表现出额头微汗、颤抖等，神经质动作会使业主重新产生疑问和忧虑如果业主因此失去信心。那你会失去业主的信任和订单。

（2）多说无益。

既然已经准备成交，说明业主的异议基本得到满意解释，在此关键时刻应谨言慎行，牢记沉默是金，以避免因任意开口导致业主横生枝节，提出新的异议而导致成交失败。

（3）控制兴奋的心情。

在成交之时，喜怒不形于色是非常重要的，此时的一肇一笑会使业主产生不良感受。

（4）不做否定的发言。

在成交的时刻，应向业主传达积极的消息使之心情舒畅的签约。

（5）见好就收。

在成交后不要与业主长时间的攀谈，以避免夜长梦多。交易谈判是一个系统工程，设计师不能不总结成功的原因和经验，可能这一次只是偶然或孤立的成功，在每次交易完成后，设计师都应作以下总结。

1) 在谈判过程中，我是否明确知道业主所需要和不需要的是什么。

2) 在谈判过程中，我是否想办法使业主认识自己及公司情况。

3) 在谈判过程中，我是否得到了竞争者的情报。

4) 在过程中，我是否过分注重与业主的私交。

5) 如果谈不成功那么失败的原因和症结在什么地方。

## 6.3 方案的构建及制作的流程

方案的构建及制作流程具体参考，如图6-1所示。

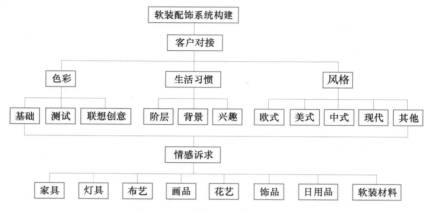

图 6-1 软装配饰系统构建图

（1）业主对接。正确采集业主信息、业主背景、生活习惯、工作方式、接人待物、社会交往、阶层定位。

（2）业主信息处理。业主需求、色彩、风格。

## 6.4 从硬装到软装

### 6.4.1 硬装的概念

硬装是指除了必须满足的基础设施以外，为了满足房屋的结构、布局、功能、美观需要，添加在建筑物表面或者内部的一切装饰物及色彩，就如同电脑的硬件一样，这些装饰物原则上是不可移动的。

传统的硬装是在做结构，主要是对建筑内部空间的六大界面，按照一定的设计要求进行二次处理。也就是对通常所说的天花板、墙面、地面的处理，以及分割空间的实体、半实体等内部界面的处理。

### 6.4.2 对应的软装

软装设计在选定风格和色调之后，下一步就进入对软装材料的选择了，所需材料一般要对应软装风格，材料的款式也应对应。比如，自然风格当然对应天然材料，选用木质材料或木色金属材质都是不错的选择，如图6-2所示。

图 6-2 软装案例（一）

图 6-3　软装案例（二）

图 6-4　软装案例（三）

再如，简约风格起源于现代派的极简主义，多采用带有金属材质的木制品，加以玻璃或镜面装饰效果更好。所谓简约而不简单，在选材上更要求精工细作。又如，复古风格的材料选择多用实木材质，文化石也是不错的选择。古典主义的设计，内部装饰丰富多彩，精致与粗犷并重，浪漫与高雅融合，尽显贵族气息，如图 6-3 所示。

高价不一定高品，低价也不一定掉价。软装产品因材质类别、工艺复杂程度等不同，会在价格上显得千差万别。在保证所需质量和工艺水准的前提下，选购软装产品应以突出重点、最佳搭配为原则。例如最显眼的沙发，档次就高不就低。而旁边的某个边柜，只要搭配最合适，低成本、高性价比产品也无妨。

图 6-5　软装案例（四）

### 6.4.3　软装的选择

（1）满足室内使用功能的物品陈设。如家具、餐具、烛台、容器、乐器、灯具、书籍、织物（壁挂、窗帘、台布、床罩等）和日用器皿、家用电器及其他小软装配饰，如图 6-4 和图 6-5 所示。

（2）满足室内艺术及精神要求的艺术品及收藏品。如绘厕、壁毯、雕塑、装饰品、工艺品、古玩、字画、捕花、绿色植物等。

（3）软装饰品的合理选择对室内环境风格起着强化的作用。因为软装饰品本身的造型、色彩、图案、质感均具有一定的风格特征。所以，它对室内环境的风格会进一步加强，如图 6-6 所示。

图 6-6　软装案例（五）

（4）满足室内软装设计的目的与任务。室内软装设计的任务可以从两方面进行阐述。

1）更好地满足对空间环境的使用功能要求，即功能性需求。

2）更好地衬托室内气氛，强化室内软装设计的风格，即装饰性需求，如图6-7所示。

如果说室内空间是舞台的话，室内软装饰品则起到传达空间内涵的重要角色，在室内三度空间展现张力与隐喻的景象，并通过恰当的组合赋予室内设计空间一定的精神内涵，会产生不同程度的触动。概括地说，室内软装设计具有五个主要任务：①强化空间的功能性质。②明确功能区分，强调视觉焦点。③在色彩、材质、尺寸等方面取得平衡与夸张对比。④软化与优雅空间的过渡。⑤点明空间主题。因此，软装设计须配合并了解室内设计的意图，而软装设计师则应更专业地掌握艺术软装设计的特性，如图6-8所示。

图6-7 软装案例（六）

图6-8 软装案例（七）

## 6.5 模拟训练

（1）项目业主信息。

**男主人**：张先生，45 岁，北京某 IT 公司经理。

**性格**：稳重，内敛，冷幽默。

**爱好**：上网，玩游戏，旅游，摄影。

**女主人**：张太太，42 岁，从事儿童教育工作。

**性格**：活泼，开朗，孩子气。

**爱好**：旅游，瑜伽，购物，饮食料理。

（2）项目户型信息。

独栋别墅，套内面约积 200m²。

（3）风格定位概述。

新古典主义的设计风格是经过改良的古典主义风格。欧洲文化丰富的艺术底蕴，开放、创新的设计思想及其尊贵的姿容，一直以来颇受众人喜爱与追求。新古典风格从简单到繁杂、从整体到局部，精雕细琢，镶花刻金

都给人一丝不苟的印象。一方面保留了材质、色彩的大致风格，仍然可以很强烈地感受传统的历史痕迹与浑厚的文化底蕴，同时又摒弃了过于复杂的肌理和装饰，简化了线条。

高雅而和谐是新古典风格的代名词。白色、金色、黄色、暗红是欧式风格中常见的主色调，少量白色糅合，使色彩看起来明亮、大方，使整个空间给人以开放、宽容的非凡气度，让人丝毫不显局促。

新古典主义风格，更像是一种多元化的思考方式，将怀古的浪漫情怀与现代人对生活的需求相结合，兼容华贵典雅与时尚现代，反映出后工业时代个性化的美学观点和文化品位。

（4）软装设计风格示意与主要色彩基调，如图 6-9 所示。

（5）平面布置图空间分析，如图 6-10 和图 6-11 所示。

（6）各空间软装风格定位及完成后意向展示，如图 6-12 所示。

图 6-9　软装设计风格示意与主要色彩基调

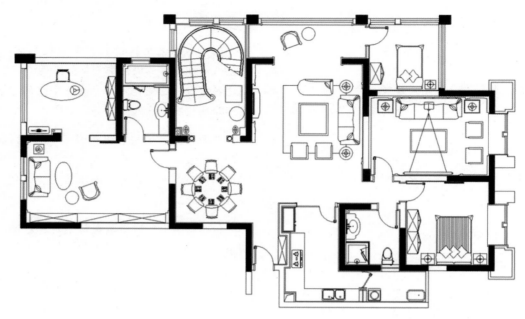

图 6-10　平面布置图（一）

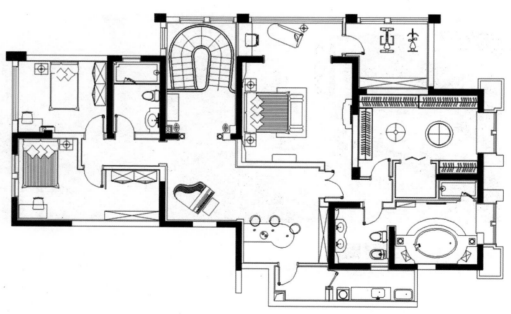

图 6-11　平面布置图（二）

一层空间：

门厅
客厅
餐厅
视听室
起居室
书房
老人房

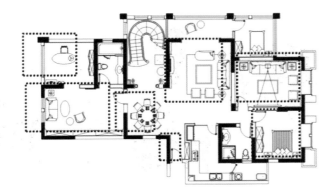

图 6-12　意向展示图

图 6-13　门厅意向图

图 6-14　门厅软装细节

1）门厅。门厅是进入房间后第一个接触的空间，门厅在使用的同时更多的是展示功能，采用具有装饰性的单品，简单的雕花细节和新古典的纤细优雅，都将在这进门的一刹那展示在观者眼前，如图 6-13 和图 6-14所示。

2）客厅。客厅在硬装上整体色调较浅，因此在单品上选择深色系，深浅搭配，在局部出现咖啡等同类色系，让空间更纯粹，局部采用银箔呼应硬装的材质，让空间在尊贵中，透露出时尚，如图 6-15 和图 6-16 所示。

客厅是挑高设计，在饰品的选择上会选体积较大，较为整体的饰品，造型也会简洁一些，多采用银箔及玻璃材质，体现出时尚华丽，如图 6-17 所示。

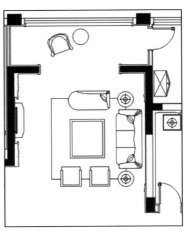

图 6-15　客厅平面图

图 6-16　客厅意向图

图 6-17　客厅饰品意向图

图 6-18　客厅窗帘意向图

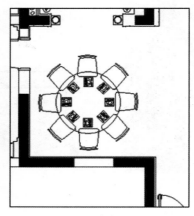

图 6-19　餐厅平面图

　　针对客厅的挑高设计，采用波幔幔头形式，增强空间的整体感，会选用丝绒比较厚重的面料，会在纱和部分幔头上采用带有大花纹的暗花面料，使空间更加整体大气，如图 6-18 所示。

　　3）餐厅。餐厅与客厅基本处于同一空间，软装在打造时，采用相对浅色调性的软包椅，椅背和椅面由 2 种面料制作，面料会加入一些深色花纹，与客厅色调相辉映，使单品从整个空间跳出来，形成视觉亮点，如图 6-19 所示。因客厅软装以银箔软包家具为主，所在餐厅的饰品上要统一色调，采用银色调饰品，同时加入玻璃及白色瓷器感觉的饰品，如图 6-20～图 6-23 所示。

　　4）主卧。主卧室要营造一种大气华丽的感觉。可局部采用银箔金箔。在面料上可选用华丽的丝绒面料，配以皮毛地毯使整个空间更华丽舒适，如图 6-24 和图 6-25 所示。在色彩上采用大气华丽的香槟色为主打，其间插入少量深色，再以墨绿色作为点缀，如图 6-26 和图 6-27 所示。

　　主卧室营造一种大气华丽的感觉。可局部采用银箔金箔。

　　在局部可以加入一些植物来体现生活气氛。也可以加入音乐和书籍的相关饰品，体现主人爱好，如图 6-28 所示。

图 6-20　餐厅饰品意向图（一）

图 6-21　餐厅饰品意向图（二）

图 6-22　餐厅饰品意向图（三）

图 6-23　餐厅饰品意向图（四）

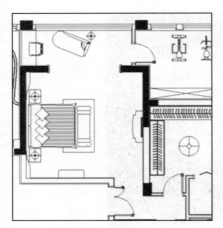

图 6-24　卧室平面图

图 6-25　卧室意向图

图 6-26　卧室色彩意向图（一）

图 6-27　卧室色彩意向图（二）

图 6-28　卧室饰品意向图

# 模块 7　经典作品欣赏

## 7.1　高文安作品

　　高文安，香港资深高级室内设计师、英国皇家建筑师学院院士、香港建筑师学院院士、澳洲皇家建筑师学院院士，被誉为"香港室内设计之父"。高氏设计的特点是糅合中西文化，将中国文化渗入建筑概念，加上西方的科技及舒适特质，拼凑出独特的设计作品。高文安的另一天赋是善用空间。他相信室内设计的宗旨是创造舒适的安乐窝，任何隔间，经他略为调配修改，都会变得既美观又实用，本来狭小的房间，经他改动一番，便会感觉宽敞起来。他甚至会根据居者的喜好而添置装饰，给客人舒心的感觉。

　　高文安认为客人的想法及感觉是创作的根源，应尊重每一个人不同的生活方式和情趣，因此开始设计之前，他会细心聆听客人的需要及期望，经过深思熟虑才动笔设计。

　　高文安作品——深圳益田白宫会所，如图 7-1～图 7-19 所示。

图 7-1　高文安作品（一）

图 7-2　高文安作品（二）

图 7-3　高文安作品（三）

图 7-4　高文安作品（四）

图 7-5　高文安作品（五）

图 7-6　高文安作品（六）

图7-7 高文安作品（七）

图7-8 高文安作品（八）

图7-9 高文安作品（九）

图7-10 高文安作品（十）

图 7-12　高文安作品（十二）

图 7-11　高文安作品（十一）

图 7-14　高文安作品（十四）

图 7-13　高文安作品（十三）

图 7-15 高文安作品（十五）

图 7-16 高文安作品（十六）

图 7-17 高文安作品（十七）

图 7-18 高文安作品（十八）

图 7-19　高文安作品（十九）

## 7.2　梁志天作品

梁志天（Steve Leung），香港十大顶尖设计师之一，拥有香港大学建筑学学士学位、城市规划硕士等多个显赫学历，积累了丰富的设计经验。1997 年创立了梁志天建筑师有限公司及梁志天设计有限公司。以现代风格著称，善于将亚洲文化及艺术的元素，融入其建筑、室内设计和产品设计中。

梁志天于 1987 年创立建筑及城市规划顾问公司，并于 1997 年重组，成立梁志天建筑师有限公司及梁志天设计师有限公司。公司设计范畴广泛，包括酒店、餐厅、样板房、住宅会所、商店等。梁志天于 2007 年成立 1957 & Co. 品牌，以完美生活为目标，进军不同范畴的业务，包括餐饮及地产项目，透过多元化的发展，全面实践"享受生活，享受设计"的生活理念，与大众分享生活的艺术。梁志天于 2012 年加入尚家生活有限公司担任副主席一职，把个人对设计及生活品位的独特见解带到房地产市场，发展特色豪宅项目。

在 1999—2012 年间，梁志天共十次被素有室内设计奥斯卡之称的 Andrew Martin International Awards 甄选为全球著名室内设计师之一，其作品更囊括超过 80 项国际和亚太区设计及企业奖项，如 IIDA 国际室内设计年度大奖、Gold Key Awards、Hospitality Design Awards 及亚太室内设计大奖等。近年来，梁志天更数度获邀为业界权威设计大奖的评委，其中包括 2009 年度亚太室内设计大奖、iF Design Award China 2010 及德国红点产品设计大奖 2012。

梁志天作品——北京富力湾湖心岛别墅项目 A2 户型，如图 7-20～图 7-33 所示。

图 7-20　梁志天作品（一）

图 7-21　梁志天作品（二）

图 7-22　梁志天作品（三）

图 7-23　梁志天作品（四）

图 7-24　梁志天作品（五）

图 7-25　梁志天作品（六）

图 7-26　梁志天作品（七）

图 7-27　梁志天作品（八）

图 7-28　梁志天作品（九）

图 7-29　梁志天作品（十）

图 7-30　梁志天作品（十一）

图 7-31　梁志天作品（十二）

图 7-32　梁志天作品（十三）

图 7-33　梁志天作品（十四）

### 7.3 森田恭通作品

森田恭通（Yasumichi Morita），1967 年出生于日本大阪，是日本的室内设计大师，与杉本贵志，桥本夕纪夫齐名。与香港设计师梁志天合作，成立了梁志天·森田恭通设计师有限公司。森田恭通擅长于会所、酒吧、餐厅等商业空间的设计，同样是简约的格调，色彩却因空间使用方式的不同显得更加诡异艳丽，与梁志天所擅长的优雅高贵的家庭居室风格交相辉映。

1996 年，森田成立了一个设计室彻石康。在 2000 年 6 月迷人有限公司启动。该项目自 2001 年起从香港，纽约，伦敦等城市向其他地方扩张。森田的公司不仅限于室内装潢设计，而且在图形制作和制作品方面，也进行广泛的创作活动。2013 年出版了自身首次的设计项目集《GLAMORUS PHILOSOPHY NO.1》，并在 The International Hotel and Property Awards 2011，China Best Design Hotels Award Best Popular Designer，THE LONDON LIFESTYLE AWARDS 2010，The Andrew Martin Interior Designers of the Year Awards 等国际设计评奖会上多次受赏。

森田恭通作品，如图 7 - 34～图 7 - 57 所示。

图 7 - 34　森田恭通作品（一）

图 7 - 35　森田恭通作品（二）

图 7-36 森田恭通作品（三）

图 7-37 森田恭通作品（四）

图 7-38 森田恭通作品（五）

图 7-39 森田恭通作品（六）

图 7-40　森田恭通作品（七）

图 7-41　森田恭通作品（八）

图 7-42　森田恭通作品（九）

图 7-43　森田恭通作品（十）

图 7-44　森田恭通作品（十一）

图 7-45　森田恭通作品（十二）

图 7-46　森田恭通作品（十三）

图 7-47　森田恭通作品（十四）

图 7-48　森田恭通作品（十五）

图 7-49　森田恭通作品（十六）

图 7-50　森田恭通作品（十七）

图 7-51　森田恭通作品（十八）

图 7-52　森田恭通作品（十九）

图 7-53　森田恭通作品（二十）

图 7-56　森田恭通作品（二十三）

图 7-54　森田恭通作品（二十一）

图 7-55　森田恭通作品（二十二）

图 7-57　森田恭通作品（二十四）

## 7.4 安德莉·普特曼作品

安德莉·普特曼（Andree Putman）是世界知名的法国室内设计师。她在大胆创新的同时又不失优雅气息的设计风格闻名于世，其作品跨越潮流，被视为永恒的经典。普特曼享有"现代主义贵夫人"的美誉，其作品洋溢的浓厚法式风情与独树一帜的风格，在全球设计界拥有举足轻重的影响力，如图7-58～图7-60所示。

尽管安德莉·普特曼说，她的理念是创造"人人都能拥有的美"，但因同众多奢侈品牌密切合作，她的名字早已被认为是优雅法国品位奢侈的符号。这个优雅到极致的法国女人，不仅是世界上顶级设计师之一，而且更是室内设计界的加布里埃·香奈儿（Coco Chanel）。

在设计事业上，安德莉·普特曼一直抱持一个简单的信念：把美丽的事物带给每一个人。她作品的其中一个重要特色，就是和谐地结合传统与反叛的元素，巧妙地令两者达至完美的平衡，令观者赞叹不已。前任法国文化部长Jack Lang曾感言："安德莉·普特曼不仅是设计界的魔法师，更是超越时光之流的灵感女神。"

安德莉·普特曼曾获美国室内设计师协会设计成就奖，以及法国文化部长颁发的国家工业创新设计大奖。作品包括纽约摩根斯（Morgans）大酒店，巴黎潘兴豪尔（Pershing Hall）大酒店（原巴黎的美国驻军处），彼得·格林纳威（Peter Greenaway）电影《枕边书》场景设计，法国航空公司最著名的"协和"飞机机舱体。她还设计了巴黎贝西区财政部的新大楼、文化部部长和教育部部长的新办公室。现任法国总理Jean-Pierre Raffarin的办公桌也出自其手笔。基于普特曼与时尚界的紧密联系，她得到不少著名时装品牌的青睐，如Karl Lagerfeld、Azzedine Alaia、Thierry Mugler、Yves Saint Laurent、Cartier和Ebel等均委托她作设计。安德莉·普特曼的作品还包括LV围巾、施华洛世奇水晶、Hoesch浴缸，以及家具、灯、浴室用品、地毯、瓷砖等家居用品。

图7-58 安德莉·普特曼作品CPC博物馆

图7-59 安德莉·普特曼作品Anker Carpeting

图7-60 安德莉·普特曼作品Morgans酒店

## 7.5　硬装与软装相结合设计作品赏析

作品赏析如图 7－61～图 7－66 所示。

图 7－61　餐厅效果图（孙嘉伟作品）

图 7－62　客厅效果图（孙嘉伟作品）

图 7-63　大厅效果图（孙嘉伟作品）

图 7-64　卧室效果图（孙嘉伟作品）

图 7-65　书台效果图（孙嘉伟作品）

图 7-66　室内效果图（傅瑜芳作品）

# 参 考 文 献

［1］ 刘昆. 室内设计原理［M］. 北京：中国水利水电出版社，2011.
［2］ 陈志华. 外国建筑史（第二版）［M］. 北京：中国建筑工业出版社，2004.
［3］ 邓庆坦. 图解中国近代建筑史［M］. 北京：华中科技大学出版社，2009.
［4］ 文健，周可亮. 室内软装设计教程［M］. 北京：北京交通大学出版社，2011.
［5］ 范业闻. 现代室内软装饰设计［M］. 上海：同济大学出版社，2011.
［6］ 吴家炜，李海波. 设计面临的新课题——浅谈 LOFT 改造办公空间设计［J］. 美术大观，2012（8）.
［7］ 理想·宅. 家居色彩设计指南［M］. 北京：化学工业出版社，2014.
［8］ 刘芳. 室内陈设设计与实训［M］. 长沙：中南大学出版社，2009.
［9］ 徐惠风，金研铭. 室内绿化装饰［M］. 北京：中国林业出版社，2008.
［10］ 简名敏. 软装设计师手册［M］. 南京：江苏人民出版社，2011.
［11］ 各章节相关图片来源于室内中国网. 中国建筑艺术网. 设计之家. 维基百科. http：//forestlife. info/Onair/343. htm.

## 精品推荐

购书咨询或教材申报请发邮件至 liujiao@waterpub.com.cn 或致电 010-68545968
其他百余种艺术设计类教材信息请见
中国水利水电出版社官方网站 http://www.waterpub.com.cn/shop/

### ·"十二五"普通高等教育本科国家级规划教材

**《办公空间设计（第二版）》**
978-7-5170-3635-7
作者：薛娟 等
定价：39.00
出版日期：2015年8月

**《交互设计（第二版）》**
978-7-5170-4229-7
作者：李世国 等
定价：52.00
出版日期：2017年1月

**《装饰造型基础》**
978-7-5084-8291-0
作者：王莉 等
定价：48.00
出版日期：2014年1月

## 新书推荐

### ·普通高等教育艺术设计类"十三五"规划教材

**｜中外美术简史（新1版）｜**
978-7-5170-4581-6
作者：王慧 等
定价：49.00
出版日期：2016年9月

**｜设计色彩｜**
978-7-5170-0158-4
作者：王宗元 等
定价：45.00
出版日期：2015年7月

**设计素描教程**
978-7-5170-3202-1
作者：张苗 等
定价：28.00
出版日期：2015年6月

**｜中外美术史（第二版）｜**
978-7-5170-3066-9
作者：李昌菊 等
定价：58.00
出版日期：2016年8月

**｜立体构成｜**
978-7-5170-2999-1
作者：蔡颖君 等
定价：30.00
出版日期：2015年3月

**｜数码摄影基础｜**
978-7-5170-3033-1
作者：施小英 等
定价：30.00
出版日期：2015年3月

**｜造型基础（第二版）｜**
978-7-5170-4580-9
作者：唐建国 等
定价：38.00
出版日期：2016年8月

**｜形式与设计｜**
978-7-5170-4534-2
作者：刘丽雪 等
定价：36.00
出版日期：2016年9月

**｜室内装饰工程预算与投标报价（第三版）｜**
978-7-5170-3143-7
作者：郭洪武 等
定价：38.00
出版日期：2017年1月

**｜景观设计基础与原理（第二版）｜**
978-7-5170-4526-7
作者：公伟 等
定价：48.00
出版日期：2016年7月

**｜环境艺术模型制作｜**
978-7-5170-3683-8
作者：周爱民 等
定价：42.00
出版日期：2015年9月

**｜家具设计（第二版）｜**
978-7-5170-3385-1
作者：范蓓 等
定价：49.00
出版日期：2015年7月

**｜室内装饰材料与构造｜**
978-7-5170-3788-0
作者：郭洪武 等
定价：39.00
出版日期：2016年1月

**｜别墅设计（第二版）｜**
978-7-5170-3840-5
作者：杨小军 等
定价：48.00
出版日期：2017年1月

**｜景观快速设计与表现｜**
978-7-5170-4496-3
作者：杜娟 等
定价：48.00
出版日期：2016年8月

**｜园林设计CAD+SketchUp教程（第二版）｜**
978-7-5170-3323-3
作者：李彦雪 等
定价：39.00
出版日期：2016年7月

**｜企业形象设计｜**
978-7-5170-3052-2
作者：王丽英 等
定价：38.00
出版日期：2015年3月

**｜产品包装设计｜**
978-7-5170-3295-3
作者：和钰 等
定价：42.00
出版日期：2015年6月

**｜工业设计概论（双语版）｜**
978-7-5170-4598-4
作者：赵立新 等
定价：36.00
出版日期：2016年9月

**｜公共设施设计（第二版）｜**
978-7-5170-4588-5
作者：薛文ілий 等
定价：49.00
出版日期：2016年7月

**｜Revit基础教程｜**
978-7-5170-5054-4
作者：黄亚斌 等
定价：39.00
出版日期：2017年1月